中高职一体化机械设计制造类专业融合式项目教程

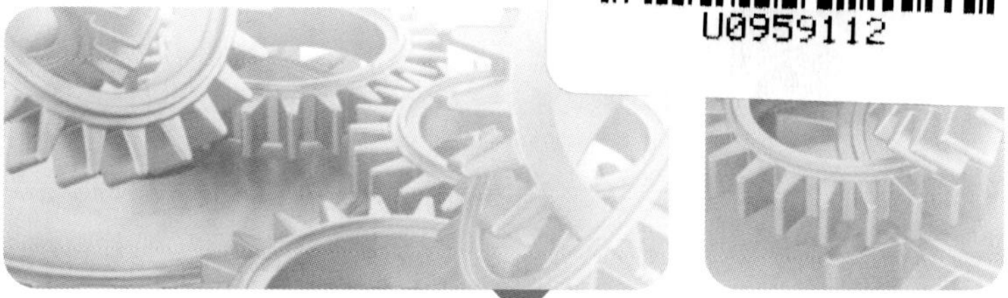

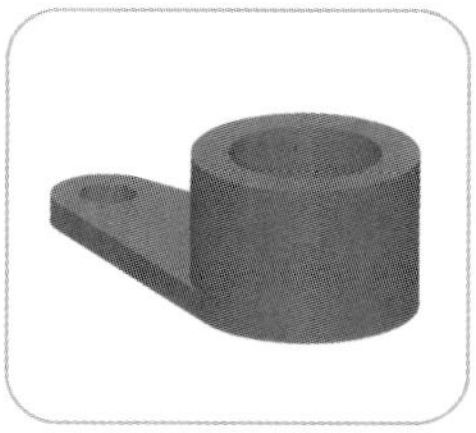

简单产品普通加工（下册）

A教程

禹 诚 杜云福 王 雷 编著

熊靖康 李 杰 孙 啸
王宇轩 钟 波 陶兴泉 参编

華中科技大學出版社
http://press.hust.edu.cn
中国·武汉

内容简介

本系列教材的A、B教程需同步使用，强调以学习者为中心，以工作过程为导向，以做定学，以学定教，以评促学。需要做什么，就学什么；需要学什么，就教什么；学了什么，就测评什么。同步检测做、学、教的效果，有效控制项目教学过程，确保项目教学效果。

本教材中，编者原创T形螺母视图绘制、制作及应用；减速器的拆画及部分零件的制作两个项目。通过【任务描述】【知识目标】【技能目标】【任务准备】【任务实施】【任务评价】等"做学教评"同步任务工作页驱动，引导学生完成制作T形螺母、绘制T形螺母的视图、T形螺母的应用、拆装减速器、绘制轴的视图、标注轴的尺寸公差、标注轴的几何公差、标注轴的表面粗糙度、绘制轴的零件图、加工轴等10个任务，让学生掌握机械制图、钳工、机械拆装（部件）、零件测量与质量控制技术等领域的知识和技能，并能灵活应用。

图书在版编目(CIP)数据

简单产品普通加工. A教程. 下册/禹诚，杜云福，王雷编著. —武汉：华中科技大学出版社，2022.11
ISBN 978-7-5680-8821-3

Ⅰ.①简… Ⅱ.①禹… ②杜… ③王… Ⅲ.①金属切削-教材 Ⅳ.①TG5

中国版本图书馆CIP数据核字(2022)第219890号

简单产品普通加工(A教程下册)　　禹诚　杜云福　王雷　编著
Jiandan Chanpin Putong Jiagong(A Jiaocheng Xiace)

策划编辑：王红梅
责任编辑：刘艳花　李　露
封面设计：原色设计
责任校对：刘　竣
责任监印：周治超
出版发行：华中科技大学出版社(中国·武汉)　　电话：(027)81321913
　　　　　武汉市东湖新技术开发区华工科技园　　邮编：430223
录　　排：武汉市洪山区佳年华文印部
印　　刷：湖北新华印务有限公司
开　　本：787mm×1092mm　1/16
印　　张：8
字　　数：185千字
版　　次：2022年11月第1版第1次印刷
定　　价：62.00元

前言

习近平总书记在党的二十大报告中指出“坚持把发展经济的着力点放在实体经济上，推进新型工业化，加快建设制造强国、质量强国、航天强国、交通强国、网络强国、数字中国。”在推进新型工业化及强国战略过程中，从事装备制造业的技术技能人才肩负着重要使命。

为了符合新型工业化和强国战略需要的高水平装备制造大类技能人才，编写团队专注中高职教育教学改革20多年，积累了丰富的项目化教学改革经验。本系列教材聚焦机械设计制造类专业学生学习和教师教学的痛点：一是中职和高职阶段专业课程缺乏统筹规划，教学衔接不畅，岗课证赛融通困难，毕业生难以满足企业岗位需求；二是传统专业教学通常采用专业基础和专业课分门分科教学，互为支撑的课程因开设时间不连续而彼此割裂，理论知识和实践技能脱节，造成学生学习困难、教师教学不畅。

编写团队依据陶行知“教学做合一”理念，通过对标机械设计制造类专业的职业面向、培养目标定位、专业能力要求，开展融合式项目化教学改革，精心设计思政性、趣味性、实用性、连贯性的教学项目，形成中高职一体化全学程专业教学项目链，创新编写中高职一体化融合式项目化系列教材，破解中高职教学衔接不畅、课程割裂、理实脱节等难题。教材在项目任务选题上突出思政功能，引入中国传统文化元素、突出环保理念、借用大国重器工作情景等，树立学生文化自信、提高学生环保意识、激发学生专业担当、培植学生报国之志，有效达成价值塑造、知识传授、能力培养的有机融合。该系列教材包括：简单产品普通加工、常用产品数控加工、复杂产品综合加工、尖端产品多轴加工、创意产品原型制作共五大模块上下册共10套教材，每套教材包括“做学教评同步”A、B教程，共计20本教材。

A教程为基于项目实施过程的“做学教评”同步工作页，B教程为基于项目实施过程的“跨科目融合”同步学习页。编写团队联合企业专家，根据知识对岗位能力的贡献度，依据国家教学标准，将关键学习领域知识点进行了编码（机械设计制造类专业关键知识点编码表见附录）。不同领域的知识点学习页在B教程中用不同标识色块进行了区别，提取全套教材中同标识色块学习页，按知识点编码顺序装订成册将获得传统学科教材，有效兼顾了传统教学。

本系列教材的 A、B 教程需同步使用，强调以学习者为中心，以工作过程为导向，以做定学，以学定教，以评促学。需要做什么，就学什么；需要学什么，就教什么；学了什么，就测评什么。同步检测做、学、教的效果，有效控制项目教学过程，确保项目教学效果。

本教材中，编者原创 T 形螺母视图绘制、制作及应用；减速器的拆画及部分零件的制作两个项目。通过【任务描述】【知识目标】【技能目标】【任务准备】【任务实施】【任务评价】等“做学教评”同步任务工作页驱动，引导学生完成制作 T 形螺母、绘制 T 形螺母的视图、T 形螺母的应用、拆装减速器、绘制轴的视图、标注轴的尺寸公差、标注轴的几何公差、标注轴的表面粗糙度、绘制轴的零件图、加工轴等 10 个任务，让学生掌握机械制图、钳工、机械拆装（部件）、零件测量与质量控制技术等领域的知识和技能，并能灵活应用。

教材编写团队由耕耘在装备制造类职业教育教学改革一线 20 多年的全国教书育人楷模禹诚老师领衔，团队成员包括中等职业学校和高等职业学校一线教师、装备制造企业技术技能大师。本教材由武汉城市职业学院禹诚、武汉市第二轻工业学校杜云福、王雷编著。参加编写的还有熊靖康、李杰、孙啸、王宇轩等老师，钟波、陶兴泉等企业技术技能大师。

特别感谢为教材编写提供帮助的企业专家和毕业生！由于教学团队的教学改革还在持续进行，教学项目还在不断优化，教材编写还存在很多不足，敬请各位专家、读者原谅，欢迎大家多提宝贵修改意见，谢谢！

编　者

2022 年 11 月于武汉

目录

项目五　T 形螺母的制作、视图绘制及应用

任务 1　制作 T 形螺母

【任务描述】

根据图 5.1.1 所示的图纸，完成 T 形螺母的制作。

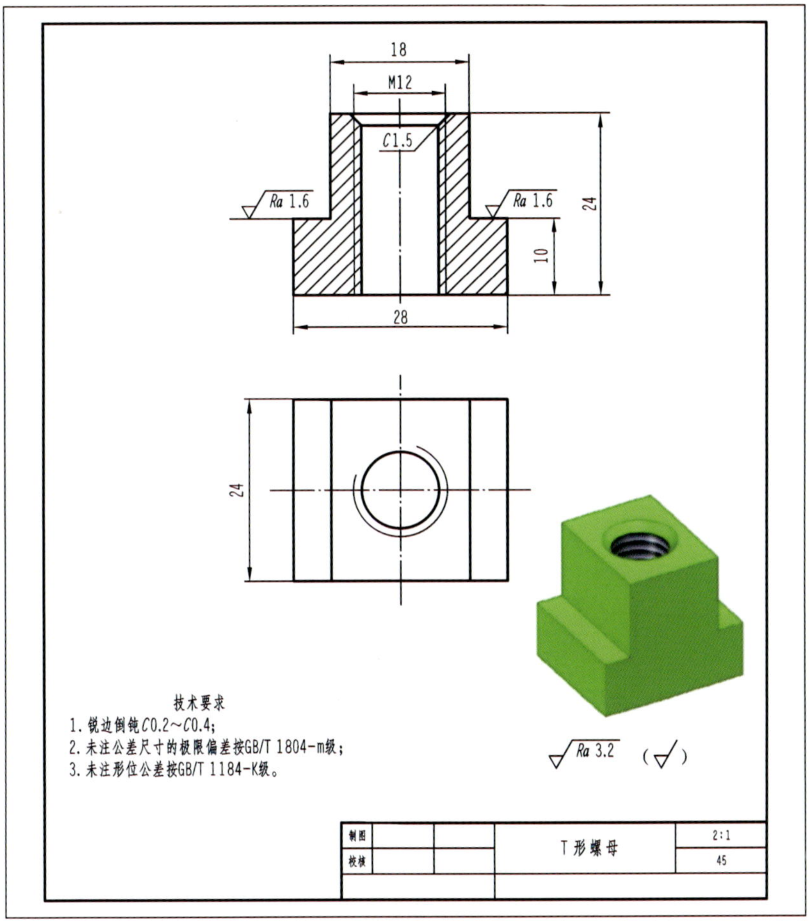

图 5.1.1　T 形螺母的零件图

【知识目标】

（1）螺纹的形成（A501.1）；

（2）螺纹的基本要素（A501.2）；

（3）普通螺纹的标注（A501.3）；

（4）攻螺纹的工具（F505.1）；

（5）螺纹底孔直径的确定（F506.1）；

（6）攻螺纹的方法（F506.2）。

【技能目标】

（1）螺纹的标注；

（2）划线和打样冲的基本操作；

（3）钻孔和倒角的基本操作；

（4）攻螺纹的基本操作。

【任务准备】

T形块毛坯、ϕ8.75与ϕ12麻花、绞杠、M10×1.25丝锥、油壶、划线高度尺、样冲、A4绘图纸、一副三角板、铅笔、橡皮等。

【任务实施】

（1）学习【链接知识A501.1螺纹的形成、A501.2螺纹的基本要素】。

（2）完成【专项训练A501.1螺纹的形成、A501.2螺纹的基本要素】，如表5.1.1所示。

表 5.1.1　专项训练 A501.1、A501.2 螺纹的基本要素

序号	训练内容	备注
1	请参考提示词，在横线上填写正确答案。 (1) 螺纹是在________表面上，沿着________所形成的，具有相同剖面的________。 (2) 在圆柱(锥)________上所形成的螺纹称外螺纹。 (3) 在圆柱(锥)________上所形成的螺纹称内螺纹。 提示词：螺旋线、外表面、圆柱(锥)、连续凸起和沟槽、内表面	
2	请在下图上合适位置标出不同螺纹的牙型角度。 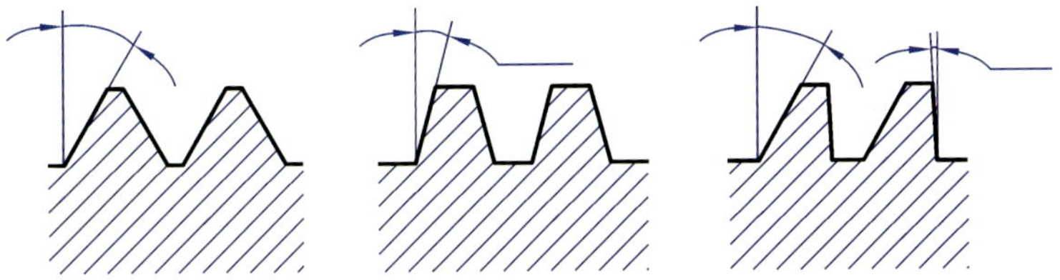 三角形　　梯形　　锯齿形	
3	请参考提示词，在图中合适位置进行填写。 (1) 外螺纹 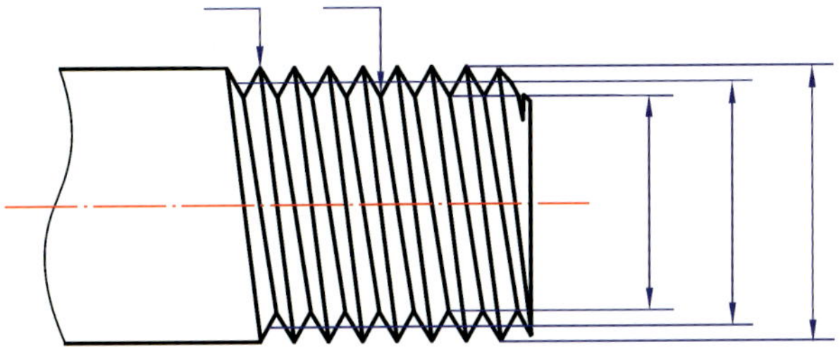 (2) 内螺纹 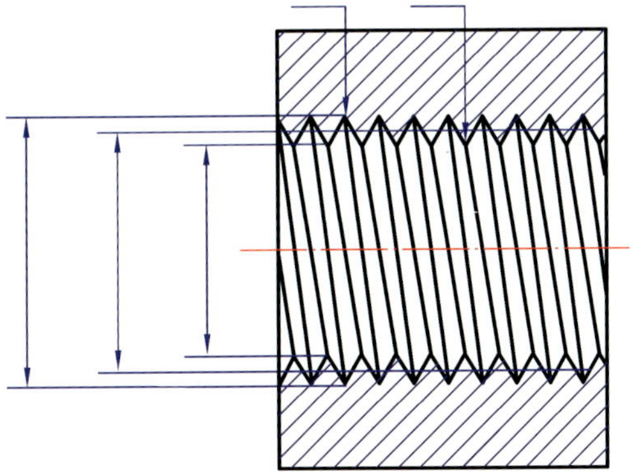 提示词：大径、小径、中径、牙顶、牙底	

续表

序号	训练内容	备注
4	请判断下图中螺纹的旋向，并在对应的括号中填写“右旋”或“左旋”。  （　　） 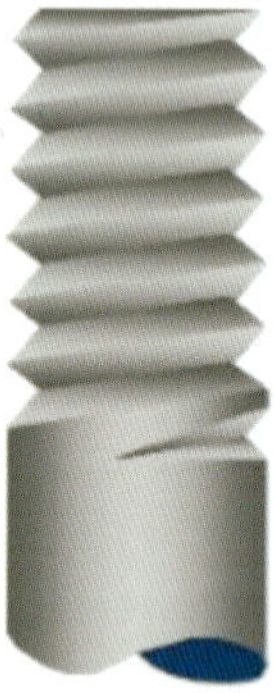 （　　）	
5	请参考螺纹的示意图，在横线上填写正确答案。 单线螺纹螺距为 5，导程是＿＿＿＿＿＿。 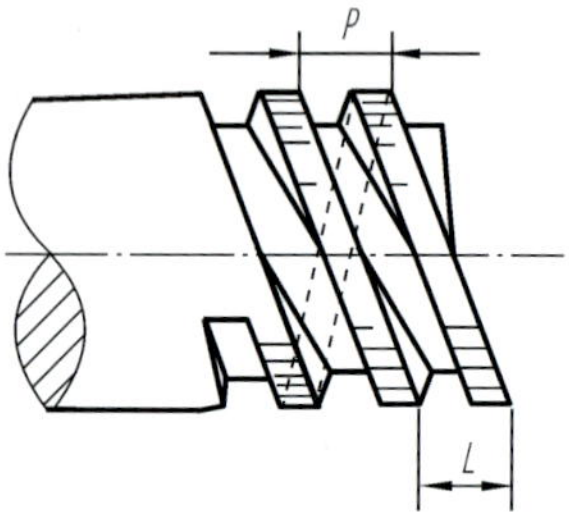 双线螺纹螺距为 5，导程是＿＿＿＿＿＿。 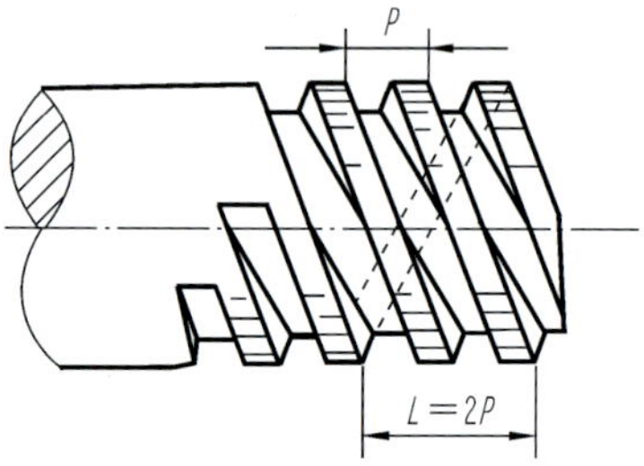 三线螺纹螺距为 5，导程是＿＿＿＿＿＿。 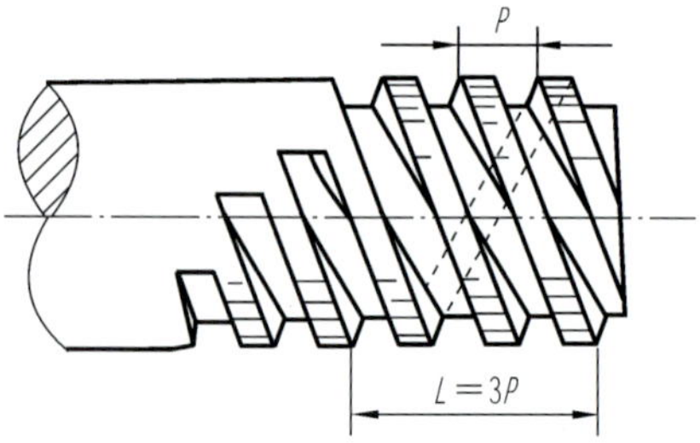 	

拓展学习

1. T 形螺母三维动态模型二维码。

2. 扫描以下产品三维动态模型二维码，观察其特征，绘制其三视图。

（3）学习【链接知识 A501.3 普通螺纹的标注】。

（4）完成【专项训练 A501.3 普通螺纹的标注】，如表 5.1.2 所示。

表 5.1.2 专项训练 A501.3 普通螺纹的标注

序号	训练内容	备注
1	请在对应的括号中填写“粗牙螺纹”或“细牙螺纹”。 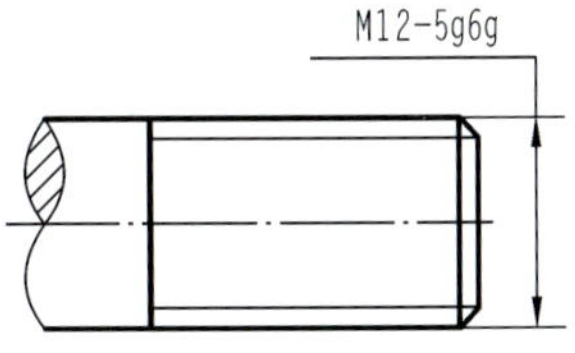 (　　) 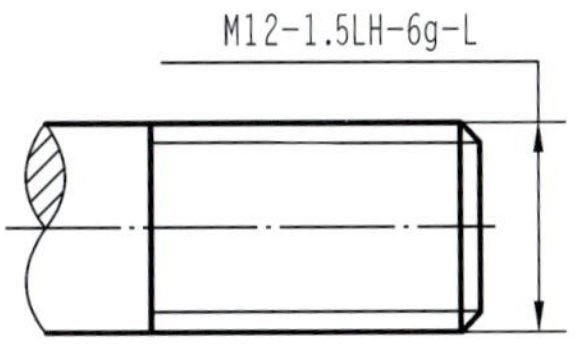 (　　)	
2	解释下面螺纹标记的含义，并将答案填写在对应位置。 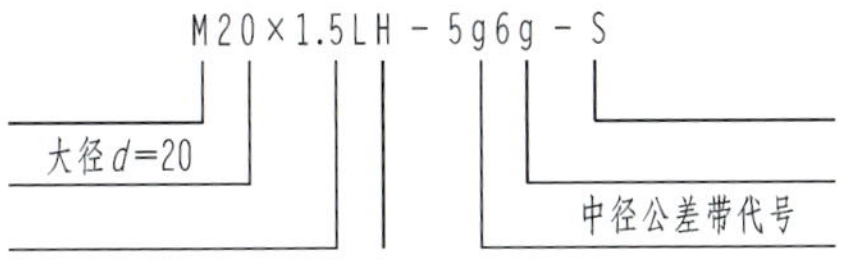	

续表

序号	训练内容	备注
3	根据给定的螺纹要素，在横线上写出其标记。 细牙普通螺纹，公称直径为 30 mm，螺距为 2 mm，左旋，中径公差带代号为 5g，顶径公差带代号为 6g，长旋合长度，其螺纹标记为 ____________。	
4	请将相应的数字序号填在对应的括号内。 M10-5g6g-S （　　　　　　） M10×1LH-7H （　　　　　　） 1. 粗牙　2. 细牙　3. 左旋　4. 右旋　5. 大径、中径公差等级相同　6. 大径、中径公差等级不同　7. 短旋合长度　8. 中等旋合长度　9. 内螺纹　10. 外螺纹	

拓展学习

扫描以下产品三维动态模型二维码，观察其特征，绘制其三视图。

（5）根据图 5.1.1 所示的 T 形螺母图纸，参照图 5.1.2 进行划线并打样冲。

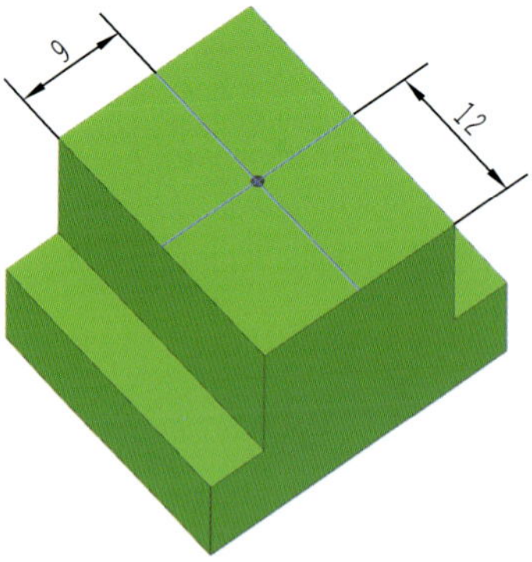

图 5.1.2　划线及打样冲示意图

(6) 将T形块装夹在钻床的机用虎钳上,进行钻孔并倒角,如图5.1.3所示。

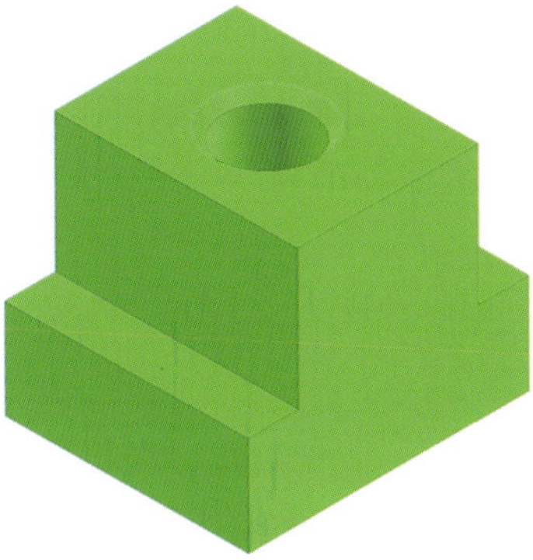

图5.1.3 钻孔及倒角示意图

(7) 学习【链接知识F505.1 攻螺纹的工具】。

(8) 完成【专项训练F505.1 攻螺纹的工具】,如表5.1.3所示。

表5.1.3 专项训练F505.1 攻螺纹的工具

序号	训练内容	备注
1	请在横线上填写丝锥各部分名称。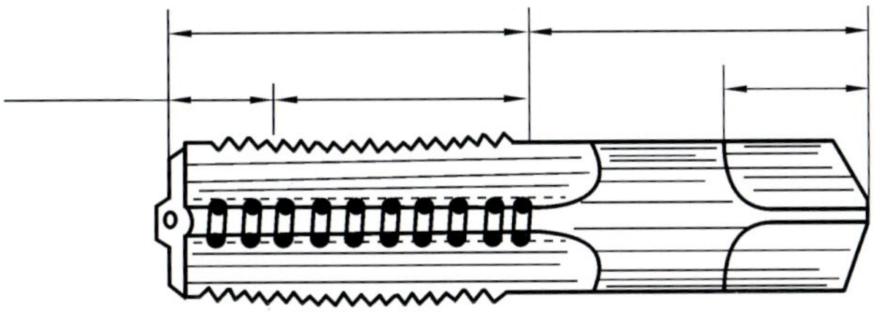	
2	请在横线上填写正确答案。 M10选用什么规格铰杠?______ M18选用什么规格铰杠?______ 有障碍物阻挡时应选用哪种规格的铰杠?______	
3	请将普通铰杠和丁字铰杠的选用方法写在横线上。 ______ ______ ______	

续表

序号	训练内容	备注
4	现有一盲孔需要攻丝，孔深 80 mm，丝锥总长 90 mm，有效攻丝长度为 50 mm，但孔边有高为 25 mm 的障碍物阻挡。在不损坏任何东西的前提下，请选择合理的工具进行攻丝，并制定使用顺序。 __________ __________ __________ __________ __________	

(9) 学习【链接知识 F506.1 螺纹底孔直径的确定】。

(10) 完成【专项训练 F506.1 螺纹底孔直径的确定】，如表 5.1.4 所示。

表 5.1.4　专项训练 F506.1 螺纹底孔直径的确定

序号	训练内容	备注
1	请问螺纹底孔的直径如何确定？其有什么作用？为什么要确定底孔的直径？ __________ __________ __________ __________ __________	
2	根据给出的螺纹标记，计算和查表得出螺纹底孔尺寸。 M4—— M6—— M12×1.25—— M12×1.75—— M18——	
3	判断下面底孔是否可以攻螺纹，在括号中对应打“√”或“×”。 ϕ2.5(　　) ϕ6.8(　　) ϕ7(　　) ϕ10.2(　　) ϕ10.5(　　)	

(11) 学习【链接知识 F506.2 攻螺纹的方法】。

(12) 完成【专项训练 F506.2 攻螺纹的方法】，如表 5.1.5 所示。

表 5.1.5 专项训练 F506.2 攻螺纹的方法

序号	训练内容	备注
1	请参考提示词,在横线上填写正确答案。 攻丝前的准备: (1) 要确定____________,选择合适的____________; (2) 将螺纹底孔________,通孔螺纹________都需要倒角。 提示词:两端、通孔或盲孔、倒角、丝锥	
2	请参考提示词,在横线上填写正确答案。 攻丝时的注意事项如下。 (1) 必须以________、________、________的顺序攻削。 (2) 在丝锥攻入 1～2 圈后,应该及时从________、________两个方向用________进行检查,并不断找正至要求。 (3) 两只手均匀用力,并要经常________________,使切屑碎断后容易排除,避免________将丝锥卡住。 (4) 攻不通螺纹孔时,要经常__________________________。 (5) 攻螺纹时,应加____________,以减小切削阻力,降低加工螺纹孔的____________和延长丝锥寿命。 提示词:退出丝锥排屑、头锥、切削液润滑、前后、左右、切屑、二锥、倒转 1/4～1/2 圈、三锥、表面粗糙度值、直角尺	
3	请将正确答案的字母填写在横线上。 攻丝完成后的检查要领:在攻丝完成后发现有翻边毛刺,可用________去除,用________的方法可以避免毛刺翻边。 A. 锉刀　B. 钻花　C. 倒角　D. 砂纸　E. 螺丝钉挤压	

(13) 将 T 形块夹在台虎钳上,用铰杠夹持手用丝锥完成攻丝,如图 5.1.4 所示。

图 5.1.4　攻丝示意图

拓展学习

扫描以下产品三维动态模型二维码，观察其特征，绘制其三视图。

【任务评价】

完成【制作 T 形螺母】后，请如实填写表 5.1.6 和表 5.1.7。

表 5.1.6 【制作 T 形螺母】任务评价表

评价项目	评价标准	评价等级		
划线	划线正确	A □	B □	C □
打样冲	样冲打得深不深、正不正	A □	B □	C □
装夹工件	工件夹平夹紧	A □	B □	C □
钻孔前定位	钻孔前的点孔位置准确	A □	B □	C □
钻孔护目镜	操作安全规范	A □	B □	C □
倒角	倒角深度合格	A □	B □	C □
攻螺纹	螺纹攻得正不正	A □	B □	C □
去毛刺	螺母是否刮手	A □	B □	C □

表 5.1.7 【制作T形螺母】8S评价表

序号	项　　目	自　　评	组长评价	教师评价
1	整理(SEIRI)	A□　B□　C□	A□　B□　C□	A□　B□　C□
2	整顿(SEITON)	A□　B□　C□	A□　B□　C□	A□　B□　C□
3	清扫(SEISO)	A□　B□　C□	A□　B□　C□	A□　B□　C□
4	清洁(SEIKETSU)	A□　B□　C□	A□　B□　C□	A□　B□　C□
5	素养(SHITSUKE)	A□　B□　C□	A□　B□　C□	A□　B□　C□
6	安全(SAFETY)	A□　B□　C□	A□　B□　C□	A□　B□　C□
7	节约(SAVE)	A□　B□　C□	A□　B□　C□	A□　B□　C□
8	学习(STUDY)	A□　B□　C□	A□　B□　C□	A□　B□　C□

注：评价等级中的“A”对应“好”、“B”对应“一般”、“C”对应“差”。

学生：______________　组长：______________　教师：______________

任务 2　绘制 T 形螺母的视图

【任务描述】

完成图 5.1.1 所示的 T 形螺母的视图绘制。

【知识目标】

(1) 剖视图的形成（A402.1）；
(2) 剖视图的画法(A402.2)；
(3) 剖视图的标注及配置（A402.3）；
(4) 全剖视图的概念及选用（A402.4）；
(5) 螺纹的规定画法(A505.1)；
(6) 螺纹的标注方法(A505.2)。

【技能目标】

(1) 全剖视图的绘制；
(2) 螺纹的绘制。

【任务准备】

T 形螺母、A4 绘图纸、一副三角板、铅笔、橡皮等。

【任务实施】

(1) 学习【链接知识 A402.1 剖视图的形成】。

（2）完成【专项训练 A402.1 剖视图的形成】，如表 5.2.1 所示。

表 5.2.1　专项训练 A402.1 剖视图的形成

序号	训练内容	备注
1	参照立体图，将正确剖视图的字母填写在横线上。 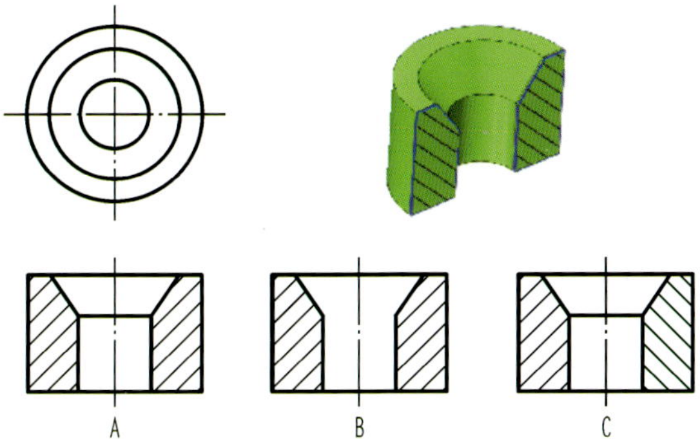 正确选项是________。	
2	参照立体图，将正确剖视图的字母填写在横线上。 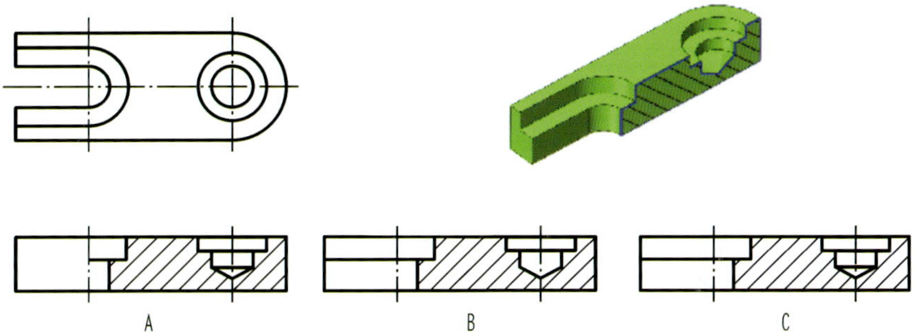 正确选项是________。	
3	参照立体图，将正确剖视图的字母填写在横线上。 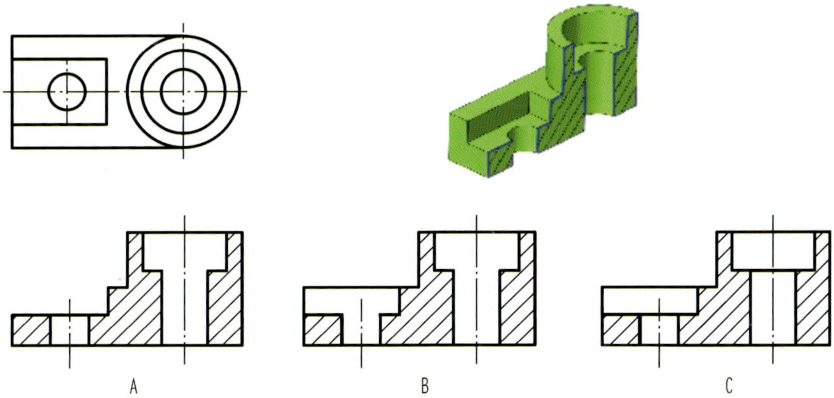 正确选项是________。	

拓展学习

扫描以下产品三维动态模型二维码，观察其特征，绘制其三视图。

（3）学习【链接知识 A402 剖视图的画法】。

（4）完成【专项训练 A402.2 剖视图的画法】，如表 5.2.2 所示。

表 5.2.2　专项训练 A402.2 剖视图的画法

序号	训练内容	备注
1	找出剖视图中的错误并圈出错误位置，在空白处绘制正确的剖视图。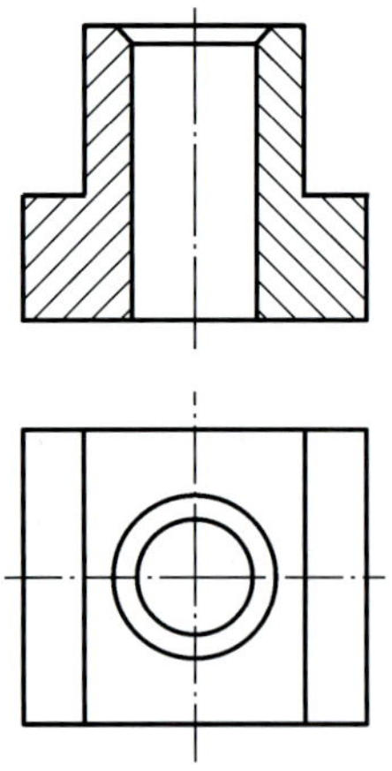	

续表

序号	训练内容	备注
2	找出剖视图中的错误并圈出错误位置，在空白处绘制正确的剖视图。 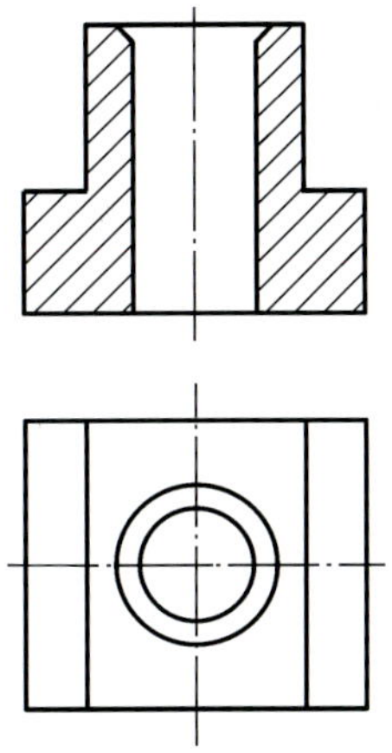	
3	找出剖视图中的错误并圈出错误位置，在空白处绘制正确的剖视图。 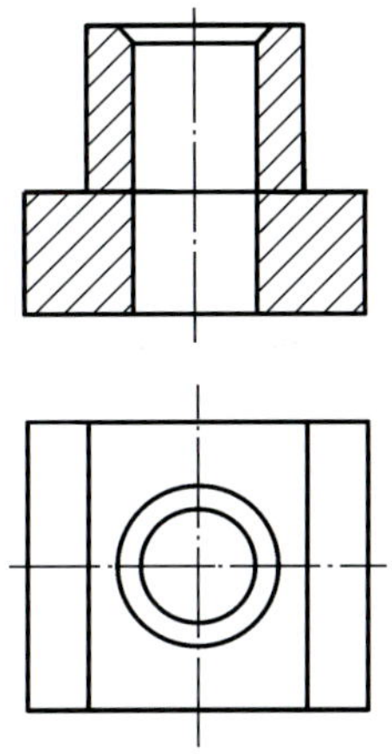	
4	找出剖视图中的错误并圈出错误位置，在空白处绘制正确的剖视图。 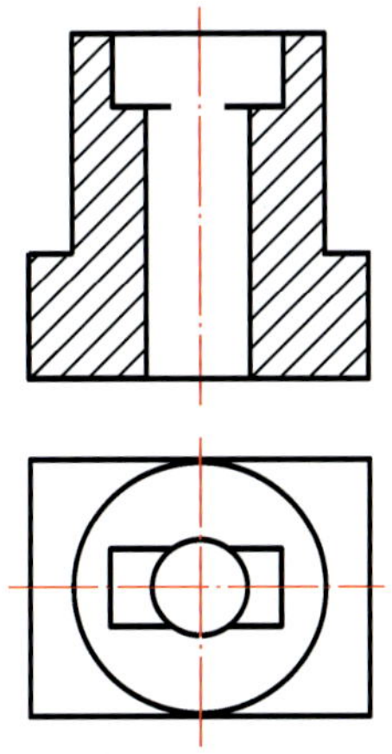	

续表

序号	训练内容	备注
5	找出剖视图中的错误并圈出错误位置，在空白处绘制正确的剖视图。 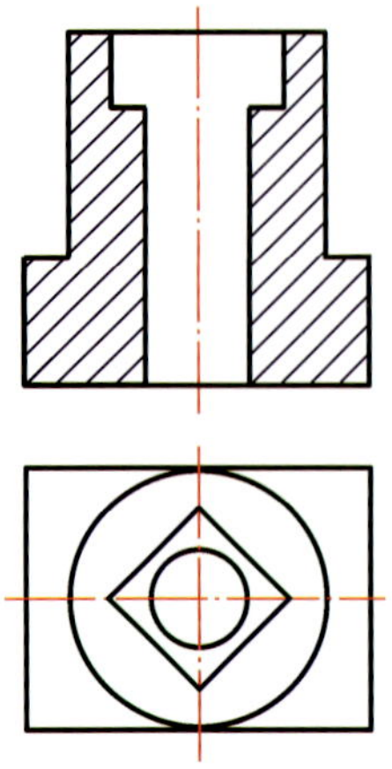	
6	找出剖视图中的错误并圈出错误位置，在空白处绘制正确的剖视图。 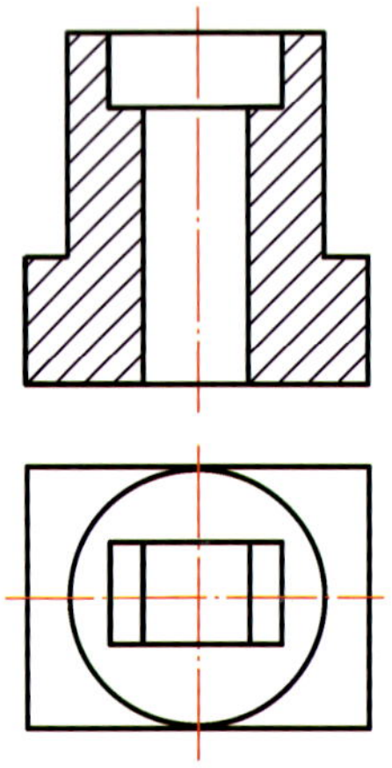	

（5）学习【链接知识 A402.3 剖视图的标注及配置】。

（6）学习【链接知识 A402.4 全剖视图的概念及选用】。

（7）完成【专项训练 A402.3 剖视图的标注及配制与 A402.4 全剖视图的概念及选用】，如表 5.2.3 所示。

表 5.2.3　专项训练 A402.3 剖视图的标注及配制与 A402.4 全剖视图的概念及选用

序号	训练内容	备注
1	根据主视图、俯视图或三维立体图，绘制出零件的全剖视图。 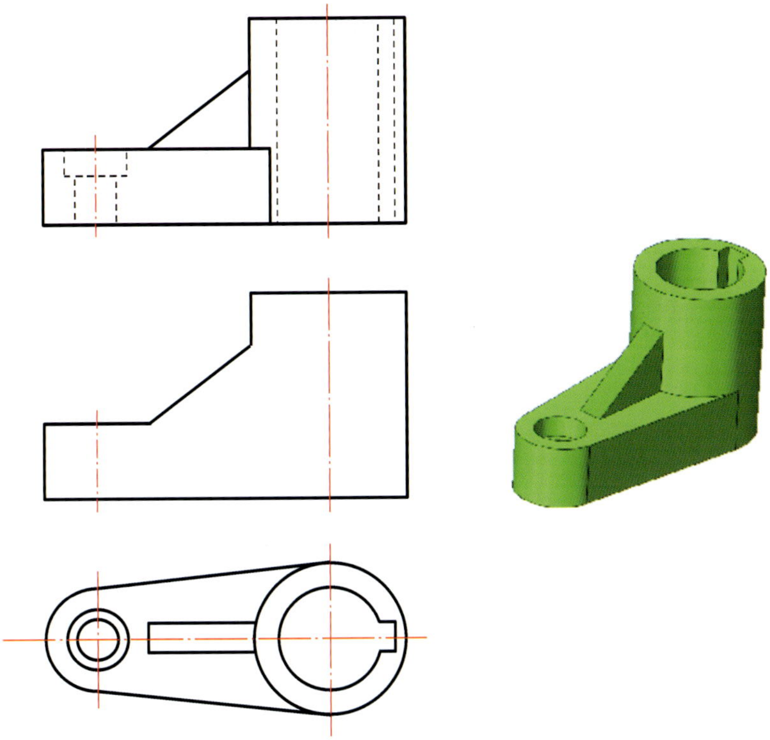	
2	根据主视图、俯视图或三维立体图，绘制出零件的全剖视图。 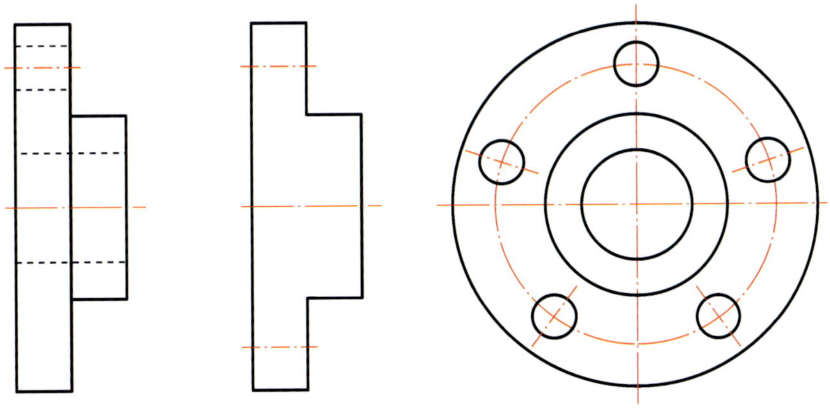	

（8）学习【链接知识 A505.1 螺纹的规定画法】。

（9）完成【专项训练 A505.1 螺纹的规定画法】，如表 5.2.4 所示。

表 5.2.4　专项训练 A505.1 螺纹的规定画法

序号	训练内容	备注
1	找出图中螺纹画法的错误并圈出错误位置，在空白处绘制正确的螺纹视图。 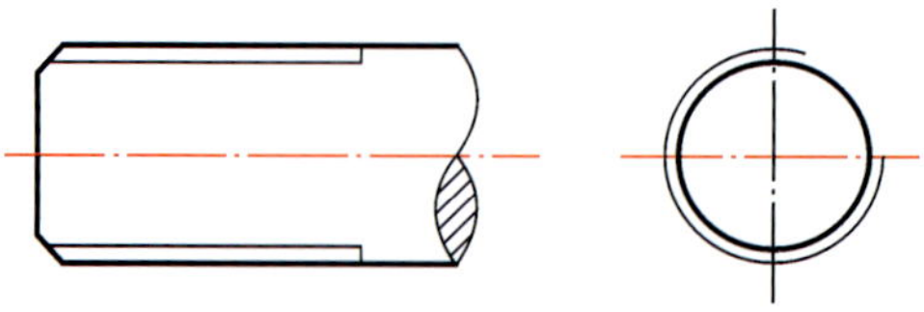	
2	找出图中螺纹画法的错误并圈出错误位置，在空白处绘制正确的螺纹视图。 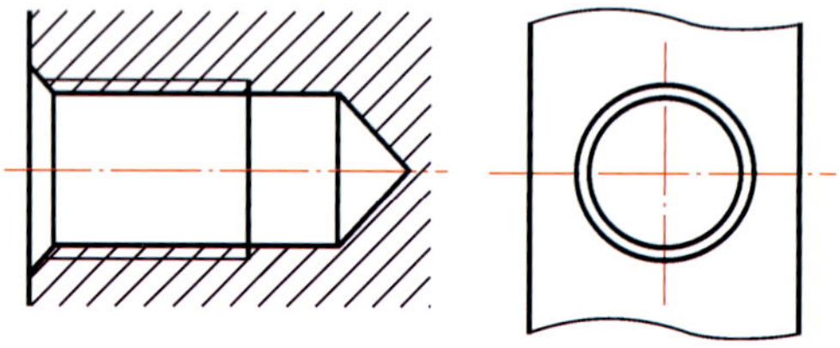	

续表

序号	训练内容	备注
3	找出图中螺纹画法的错误并圈出错误位置，在空白处绘制正确的螺纹视图。 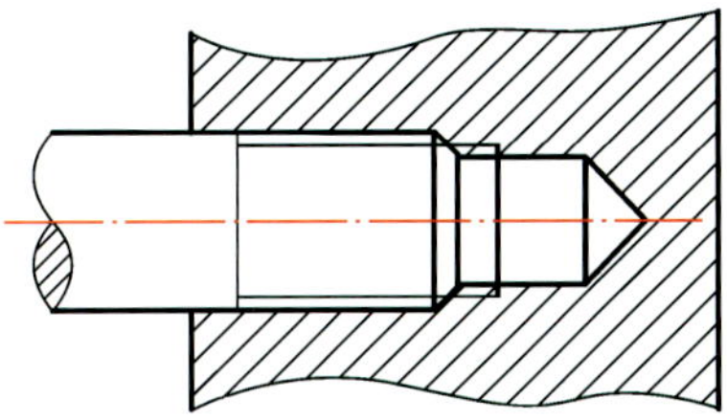	

(10) 学习【链接知识 A505.2 螺纹的标注方法】。

(11) 完成【专项训练 A505.2 螺纹的标注方法】，如表 5.2.5 所示。

表 5.2.5　专项训练 A505.2 螺纹的标注方法

序号	训练内容	备注
1	请绘制正确的螺纹标注。 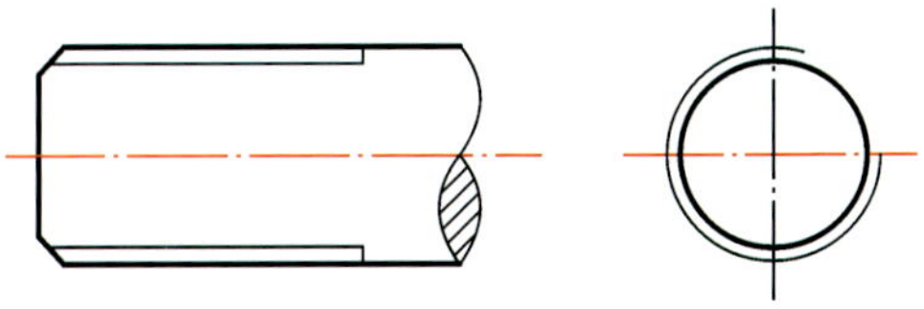	
2	请绘制正确的螺纹标注。 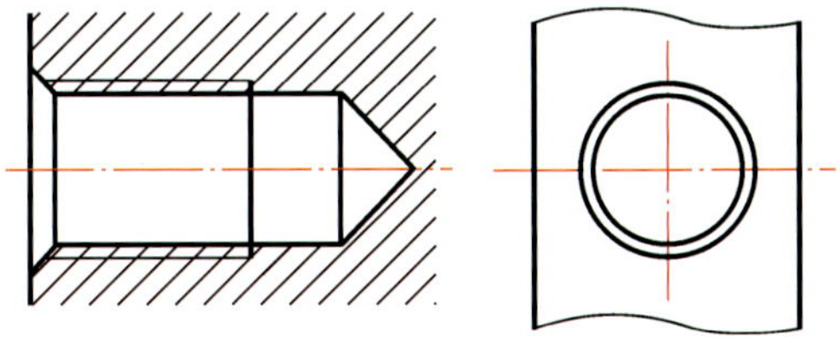	

序号	训练内容	备注
3	请绘制正确的螺纹标注。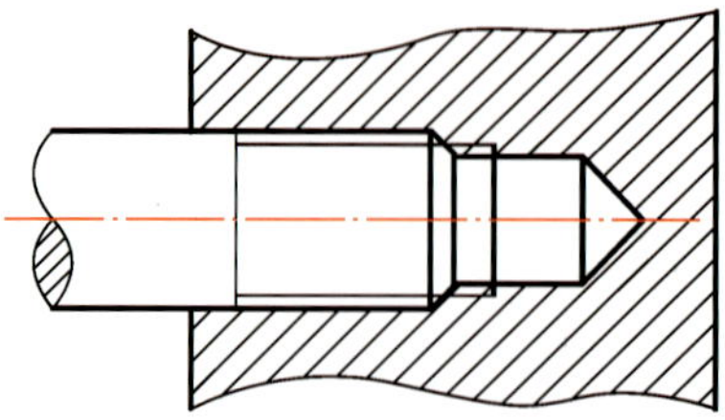	

(12) 完成图 5.1.1 所示的 T 形螺母的视图绘图。

拓展学习

扫描以下产品三维动态模型二维码,观察其特征,绘制其三视图。

【任务评价】

完成【绘制 T 形螺母的视图】后，请如实填写表 5.2.6 和表 5.2.7。

表 5.2.6 【绘制 T 形螺母的视图】任务评价表

评价项目	评价标准	评价等级		
图面质量	干净、整洁、规范	A □	B □	C □
视图布局	正确合理	A □	B □	C □
图线	均匀美观	A □	B □	C □
剖面线	45°且平行	A □	B □	C □
剖切符号的标注	正确规范	A □	B □	C □
剖视图名称标注	正确规范	A □	B □	C □

表 5.2.7 【绘制 T 形螺母的视图】8S 评价表

序号	项目	自评	组长评价	教师评价
1	整理(SEIRI)	A□ B□ C□	A□ B□ C□	A□ B□ C□
2	整顿(SEITON)	A□ B□ C□	A□ B□ C□	A□ B□ C□
3	清扫(SEISO)	A□ B□ C□	A□ B□ C□	A□ B□ C□
4	清洁(SEIKETSU)	A□ B□ C□	A□ B□ C□	A□ B□ C□
5	素养(SHITSUKE)	A□ B□ C□	A□ B□ C□	A□ B□ C□
6	安全(SAFETY)	A□ B□ C□	A□ B□ C□	A□ B□ C□
7	节约(SAVE)	A□ B□ C□	A□ B□ C□	A□ B□ C□
8	学习(STUDY)	A□ B□ C□	A□ B□ C□	A□ B□ C□

注：评价等级中的“A”对应“好”、“B”对应“一般”、“C”对应“差”。

学生：__________ 组长：__________ 教师：__________

任务3　T形螺母的应用

【任务描述】

使用任务1中制作的T形螺母，完成虎钳的安装，掌握螺纹紧固件及其连接的画法。

【知识目标】

（1）垫圈的选用方法（A502.1）；

（2）垫圈的画法（A502.2）；

（3）螺栓连接画法（A502.3）；

（4）双头螺柱连接画法（A502.4）；

（5）螺纹连接的预紧和防松（B203.1）。

【技能目标】

（1）常规垫圈的画法；

（2）螺栓、双头螺柱连接的画法。

【任务准备】

A4绘图纸、图板、丁字尺、一副三角板、铅笔、橡皮、小刀、透明胶、圆规、分规等。

【任务实施】

（1）观看虎钳的安装视频，了解T形螺母的应用和装配。

（2）学习【链接知识A502.1 垫圈的选用方法】。

（3）完成【专项训练 A502.1 垫圈的选用方法】，如表 5.3.1 所示。

表 5.3.1　专项训练 A502.1 垫圈的选用方法

序号	训练内容	备注
1	将下列垫圈的名称、形状及其应用场合进行连线。 平垫圈 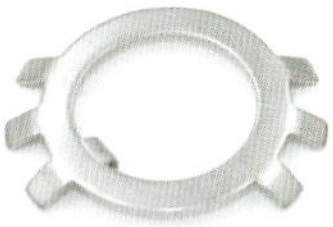 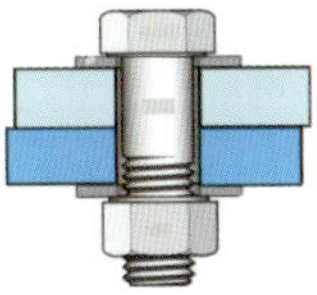 弹簧垫圈  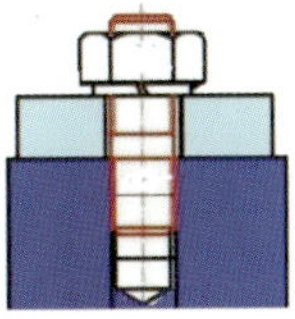 圆螺母止动垫圈  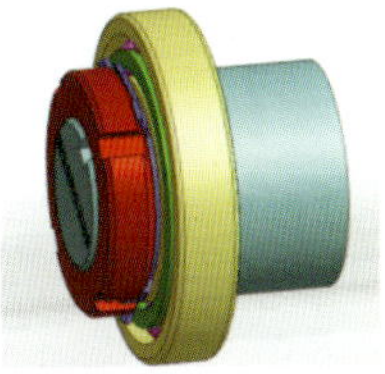	
2	请参考提示词，在横线上进行填空。 （1）平垫圈通常是各种形状的________，用于________、________、________、防止松脱或分散压力。 （2）一般带有震动的装备上的紧固件应装________垫片。 （3）为防止圆螺母松动应选用________垫圈。 提示词：隔离、弹簧、减少摩擦、止动、防止泄漏、薄件	

（4）学习【链接知识 A502.2 垫圈的画法】。

（5）完成【专项训练 A502.2 垫圈的画法】，如表 5.3.2 所示。

表 5.3.2　专项训练 A502.2 垫圈的画法

序号	训练内容	备注
1	已知垫圈 GB/T 97.1 12 的公称直径 d 为 12 mm，其简化画法如下图所示，请分别计算出其大径 D_1、小径 d_1 及厚度 H 的值。 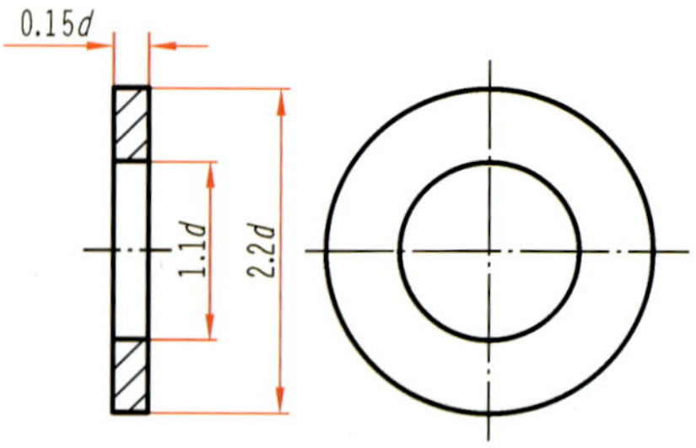 $D_1=$ ________ $d_1=$ ________ $H=$ ________	
2	请画出垫圈 GB/T 97.1 16 的简化画法。	

(6) 学习【链接知识 A502.3 螺栓连接画法】。

(7) 完成【专项训练 A502.3 螺栓连接画法】，如表 5.3.3 所示。

表 5.3.3　专项训练 A502.3 螺栓连接画法

<table>
<tr><th>序号</th><th>训练内容</th><th>备注</th></tr>
<tr><td>1</td><td>请参考提示词，在横线上进行填空。
螺栓连接中，被连接件必须预先钻出________，孔径为________________，然后将螺栓从孔中穿过，再套上________、拧紧螺母即实现了连接。
螺栓连接主要用于两零件被连接处厚度____________，而受力____________，且需要经常____________的场合。
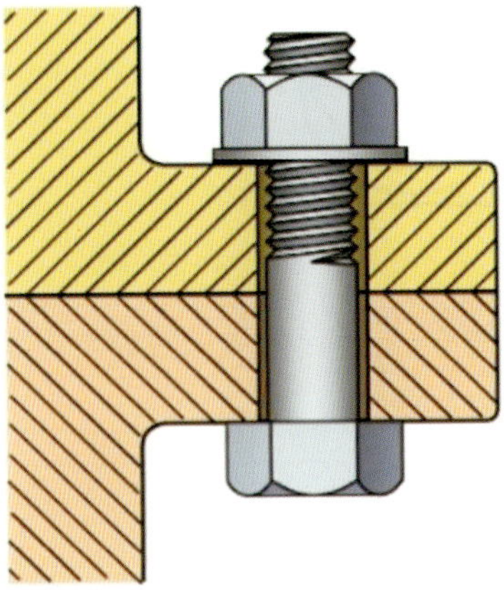
提示词：1.1d（d 为螺栓的大径）、拆装、通孔、不大、垫圈、较大</td><td></td></tr>
<tr><td>2</td><td>根据上图回答问题：
(1) 主视图采用________视图绘制；
(2) 标准件按照________（剖/不剖）绘制；
(3) 两零件接触表面画________条线；
(4) 两零件不接触表面画________条线；
(5) 两个相邻被连接件的剖面线应________相反，或方向一致，但____________不一致。</td><td></td></tr>
</table>

序号	训练内容	备注
3	下图中的螺栓连接画法中有________处错误。 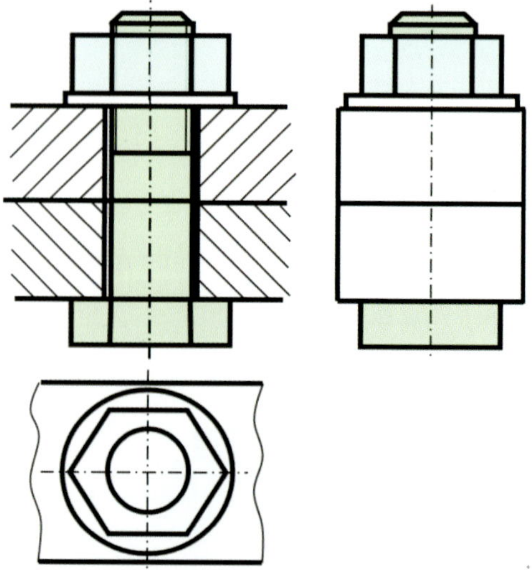	
4	请按照简化画法，补全螺栓连接主视图中的缺线。 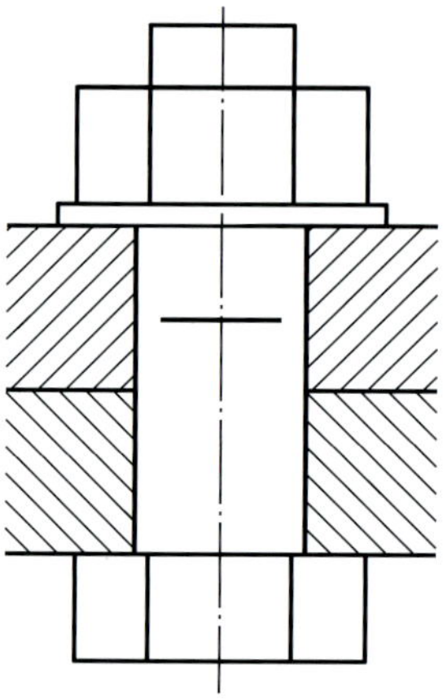	

续表

序号	训练内容	备注
5	已知被连接件 A 的厚度为 25 mm,B 的厚度为 20 mm,选用的螺栓规格为 GB/T 5782 M10×50,用比例法画出螺栓连接的主、俯视图,其中,主视图画成全剖视图。	

(8) 学习【链接知识 A502.4 双头螺柱连接画法】。

(9) 完成【专项训练 A502.4 双头螺柱连接画法】,如表 5.3.4 所示。

表 5.3.4　专项训练 A502.4 双头螺柱连接画法

序号	训练内容	备注
1	根据图片填空。 （1）当两块被连接件中有一块较厚或不宜用螺栓连接时，常采用________________连接。 （2）因为螺栓的旋入端________________旋入厚连接件的螺纹盲孔内，所以，螺栓旋入端的螺纹终止线与两被连接件的接触面________________。 （3）螺柱的总长度＝________________。 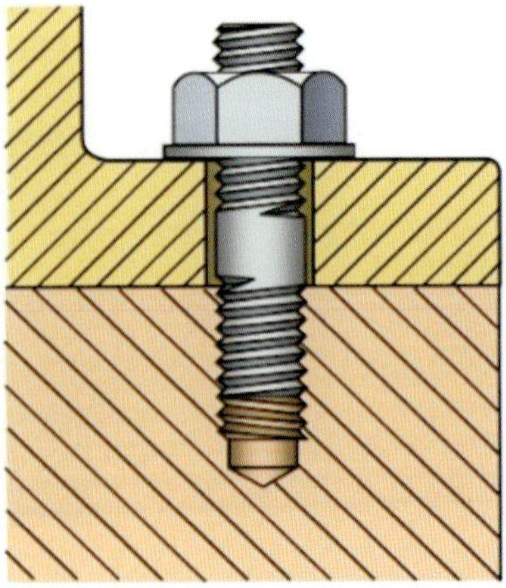	
2	已知双头螺柱连接中，较薄被连接件厚度 $t=20$ mm，较厚被连接件材料为铸铁；螺柱选用 GB/T898 M16×L(L 根据计算值查表，取标准值)；螺母选用 GB/T6170 M16；垫圈选用 GB/T 93 16。请用简化画法画出双头螺柱连接的主、俯视图，其中，主视图画成全剖视图。	

（10）学习【链接知识 B203.1 螺纹连接的预紧和防松】。

（11）完成【专项训练 B203.1-1 螺纹连接的预紧和防松】，如表 5.3.5 所示。

表 5.3.5 专项训练 B203.1-1 螺纹连接的预紧和防松

序号	训练内容	备注
1	根据下图完成填空。 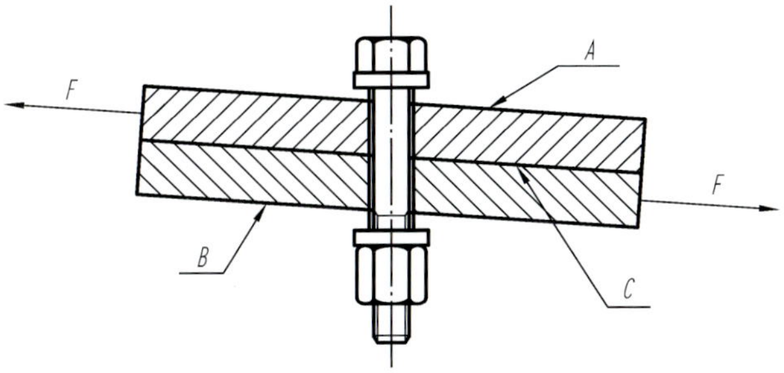 （图一） 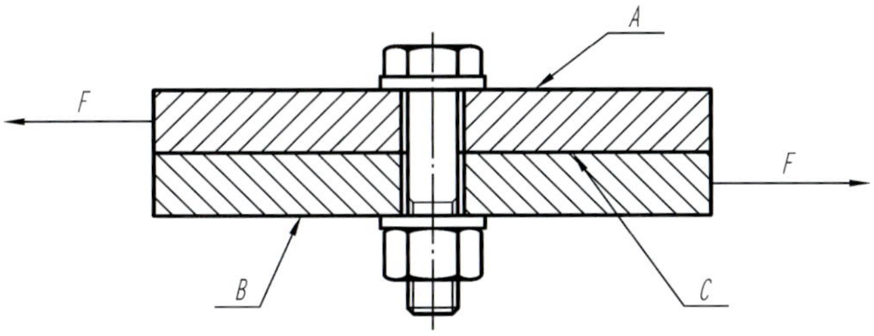 （图二） （1）图一中的垫圈没有与 A 面、B 面贴合，故图一________（属于/不属于）预紧。 （2）图二中的垫圈与 A 面、B 面贴合，故图二________（属于/不属于）预紧。 （3）图一没有预紧，两零件会产生相对滑动。图二预紧后，________、________、________三个面上产生的摩擦力来抵消 F。	

（12）完成【专项训练 B203.1-2 螺纹连接的预紧和防松】，如表 5.3.6 所示。

表 5.3.6 专项训练 B203.1-2 螺纹连接的预紧和防松

序号	训练内容		备注
1	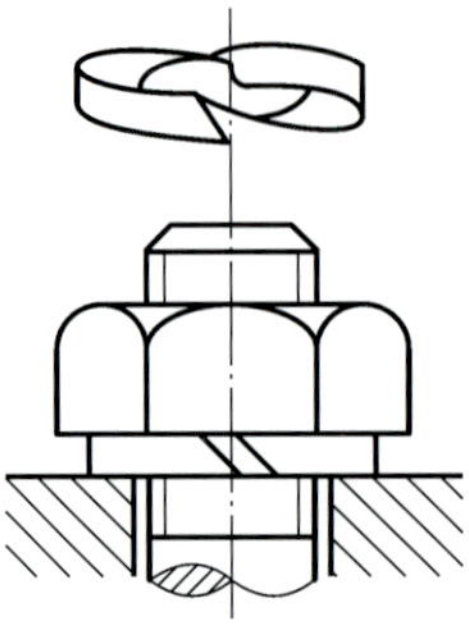	（1）该螺栓连接采用的零件是螺母和________，这样会增大摩擦力。 （2）此连接方式属于以下哪种防松方式？ □摩擦防松 □机械防松 □永久防松	
2	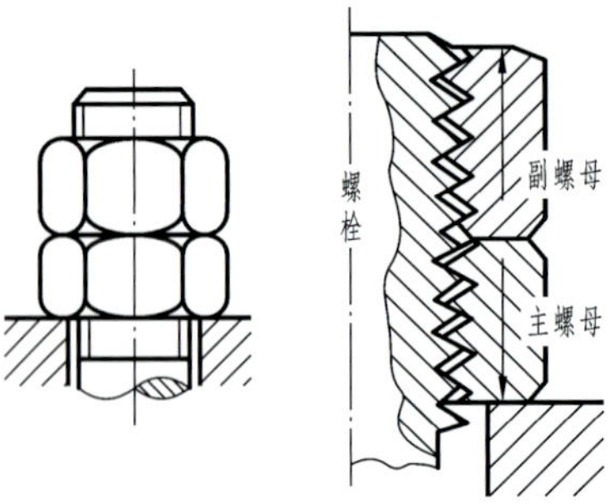	（1）该螺栓连接采用的零件是________________，这样会增大摩擦力。 （2）此连接方式属于以下哪种防松方式？ □摩擦防松 □机械防松 □永久防松	
3	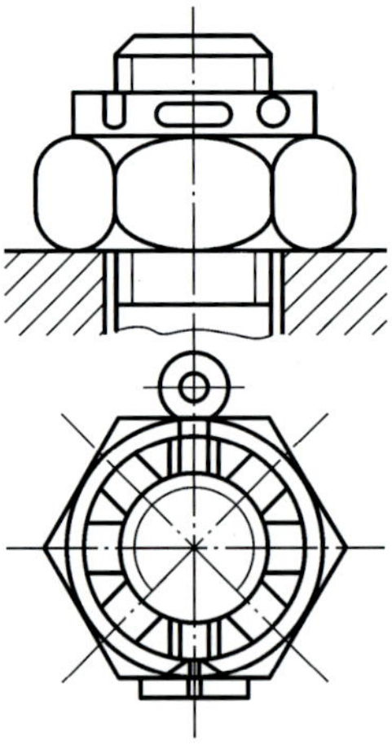	（1）该螺栓连接采用的零件是螺母和________，这样会使螺栓和螺母成为一体，拆装方便。 （2）此连接方式属于以下哪种防松方式？ □摩擦防松 □机械防松 □永久防松	

续表

序号	训练内容		备注
4	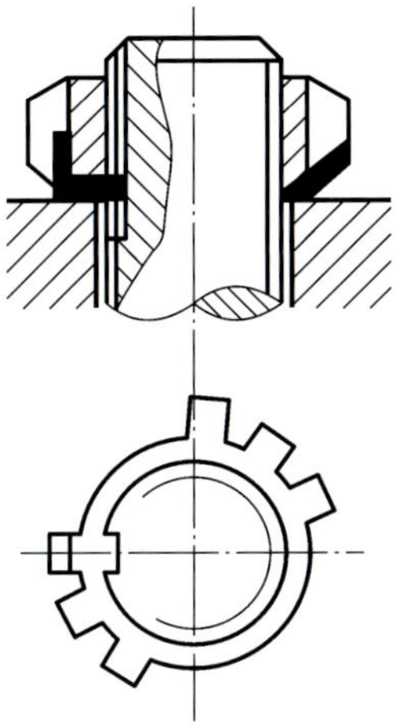	(1) 该螺栓连接采用的零件是圆螺母和________________，这样会使螺栓和螺母成为一体，拆装方便。 (2) 此连接方式属于以下哪种防松方式？ □摩擦防松 □机械防松 □永久防松	
5	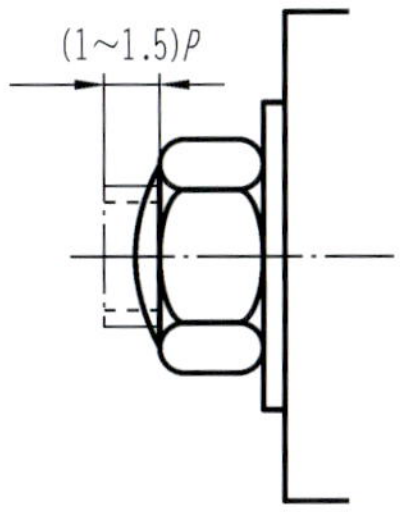	(1) 该螺栓连接采用的方式是________________，这样会使螺栓和螺母成为一体，不便拆装。 (2) 此连接方式属于以下哪种防松方式？ □摩擦防松 □机械防松 □永久防松	
6	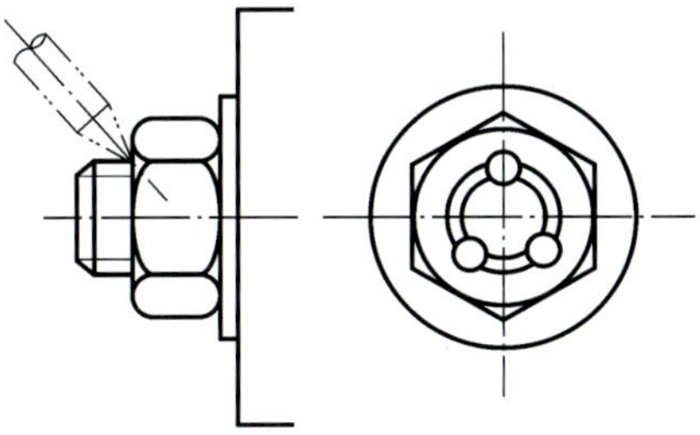	(1) 该螺栓连接采用的方式是________________，这样会使螺栓和螺母成为一体，不便拆装。 (2) 此连接方式属于以下哪种防松方式？ □摩擦防松 □机械防松 □永久防松	

续表

序号	训练内容		备注
7	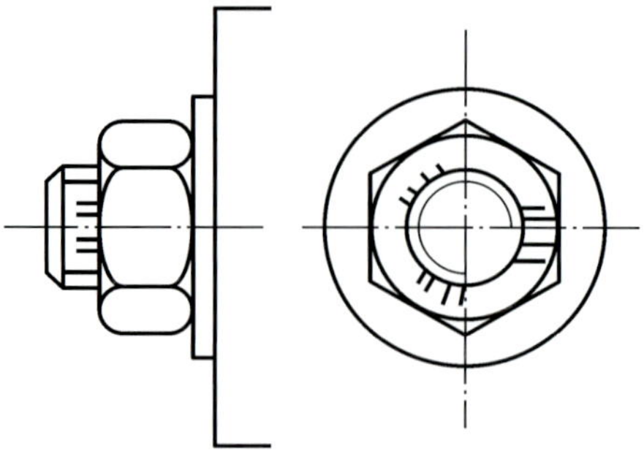	（1）该螺栓连接采用的方式是____________________，这样会使螺栓和螺母成为一体，不便拆装。 （2）此连接方式属于以下哪种防松方式？ □摩擦防松 □机械防松 □永久防松	
8	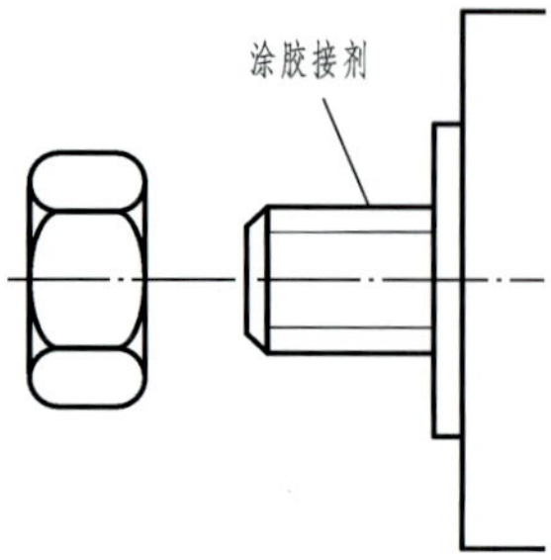	（1）该螺栓连接采用的方式是____________________，这样会使螺栓和螺母成为一体，不便拆装。 （2）此连接方式属于以下哪种防松方式？ □摩擦防松 □机械防松 □永久防松	

拓展学习

扫描以下产品三维动态模型二维码，观察其特征，绘制其三视图。

【任务评价】

完成【T 形螺母的应用】后，请如实填写表 5.3.7 和表 5.3.8。

表 5.3.7 【T 形螺母的应用】任务评价表

评价项目	评价标准	评价等级		
垫圈的选用	选用合理	A □	B □	C □
垫圈的简化画法	绘制正确	A □	B □	C □
螺栓有效长度的选用	选用合理	A □	B □	C □
螺栓连接比例画法	绘制正确	A □	B □	C □
螺柱有效长度的选用	选用合理	A □	B □	C □
螺柱连接比例画法	绘制正确	A □	B □	C □
螺纹连接的防松	检测合格	A □	B □	C □
工作表	按时、规范、正确完成	A □	B □	C □

表 5.3.8 【T 形螺母的应用】8S 评价表

序号	项目	自评	组长评价	教师评价
1	整理(SEIRI)	A□ B□ C□	A□ B□ C□	A□ B□ C□
2	整顿(SEITON)	A□ B□ C□	A□ B□ C□	A□ B□ C□
3	清扫(SEISO)	A□ B□ C□	A□ B□ C□	A□ B□ C□
4	清洁(SEIKETSU)	A□ B□ C□	A□ B□ C□	A□ B□ C□
5	素养(SHITSUKE)	A□ B□ C□	A□ B□ C□	A□ B□ C□
6	安全(SAFETY)	A□ B□ C□	A□ B□ C□	A□ B□ C□
7	节约(SAVE)	A□ B□ C□	A□ B□ C□	A□ B□ C□
8	学习(STUDY)	A□ B□ C□	A□ B□ C□	A□ B□ C□

注：评价等级中的“A”对应“好”、“B”对应“一般”、“C”对应“差”。

学生：________ 组长：________ 教师：________

项目六　减速器的拆绘及部分零件的制作

任务1　拆装减速器

【任务描述】

了解减速器的结构(实物图见图6.1.1)并完成减速器的拆装。

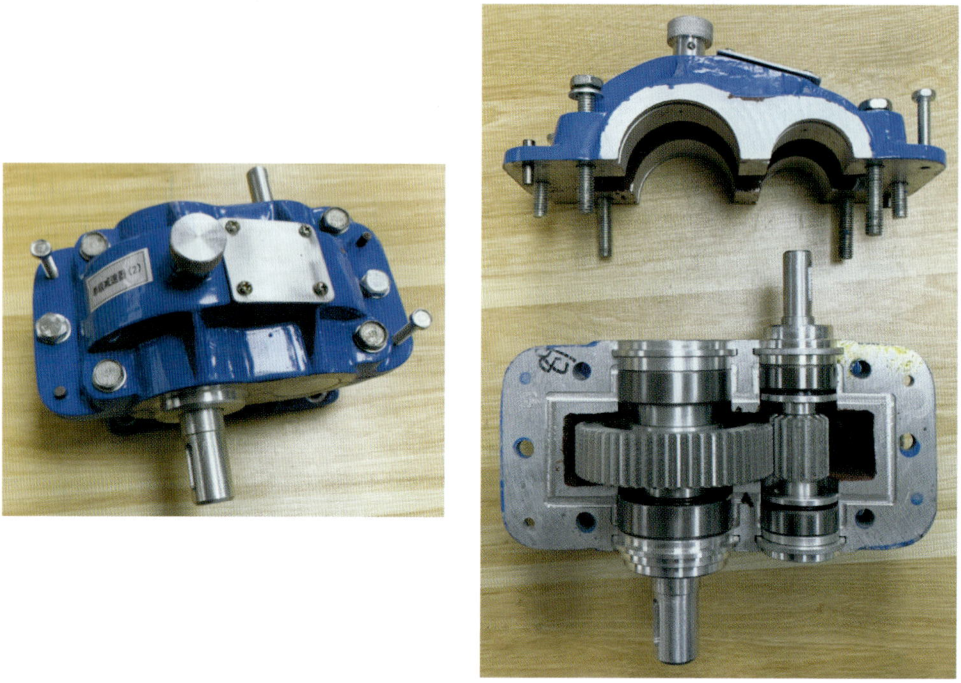

图6.1.1　减速器实物图

【知识目标】

(1) 常用拆装工具(G108);

(2) 认识减速器(G401);

(3) 组装减速器(G402)。

【技能目标】

(1) 规范拆卸减速器;

(2) 规范装配减速器。

【任务准备】

一级圆柱齿轮减速器模型、活动扳手(4 寸、8 寸)、螺钉旋具(一字、十字)、木锤/铜锤、钢尺、拉码(4 寸)、一套内六角扳手、润滑油、A4 绘图纸、一副三角板、铅笔、橡皮等。

【任务实施】

(1) 学习【链接知识 G108 常用拆装工具】。

(2) 完成【专项训练 G108 常用拆装工具】,如表 6.1.1 所示。

表 6.1.1　专项训练 G108 常用拆装工具

序号	训练内容
1	连线：找出拆装螺钉合适的工具 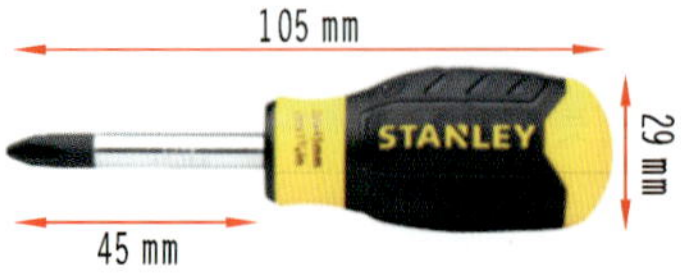  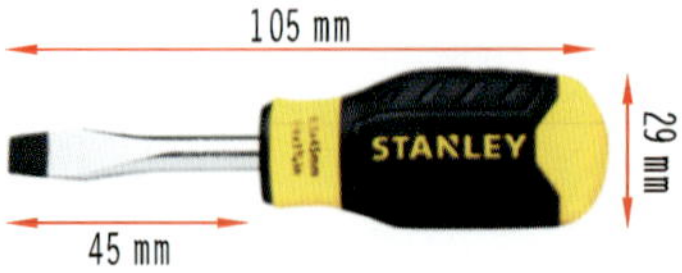     
2	请书写拆装减速器的注意事项 ______________________________ ______________________________ ______________________________ ______________________________ ______________________________ ______________________________ ______________________________ ______________________________ ______________________________ ______________________________ ______________________________

（3）学习【链接知识 G401 认识减速器】。

（4）观察减速器结构，完成【专项训练 G401-1 认识减速器】，如表 6.1.2 所示。

表 6.1.2　专项训练 G401-1 认识减速器

序号	工作要求	训练内容
1	仔细观察减速器的结构回答问题	（1）如何保证箱体支撑具有足够的刚度？ （2）轴承座两侧的上下箱体连接螺栓应如何布置？  （3）支撑该螺栓的凸台高度应如何确定？ （4）如何减轻箱体的重量和减少箱体的加工面积？ 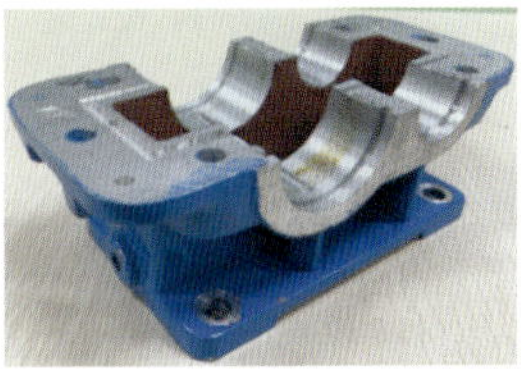 减速器的附件，如吊钩、定位销钉、启盖螺钉、油标、油塞和注油孔等各起何作用？它们的结构如何？应如何合理布置？ 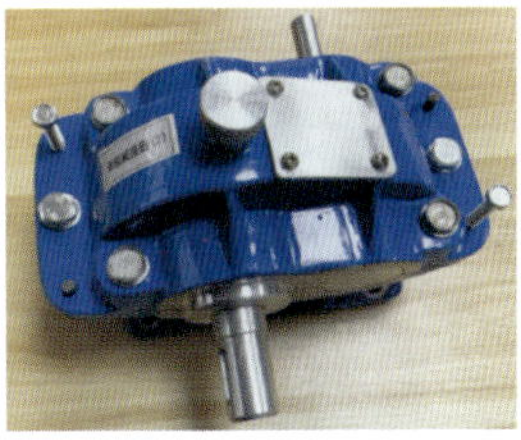

（5）拆卸箱盖，将拆卸零件按照拆卸顺序摆放整齐，如图 6.1.2 所示。

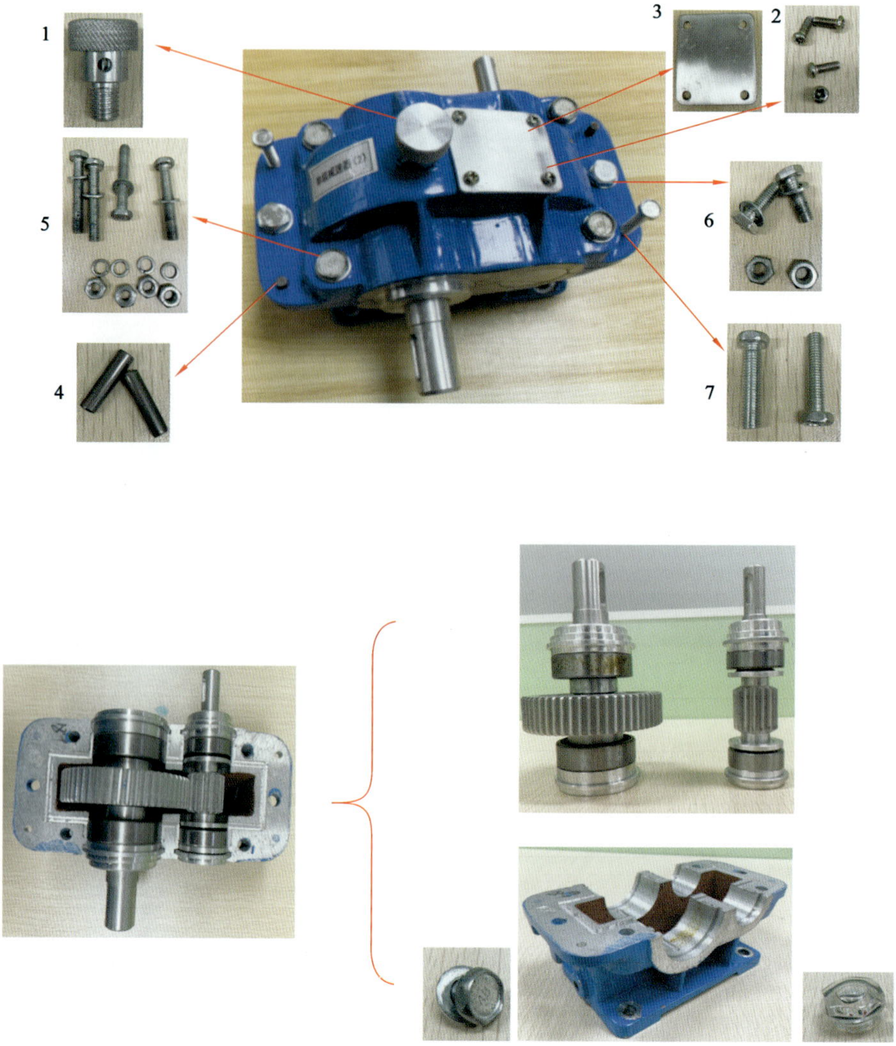

图 6.1.2　减速器实物图

用扳手拆卸上、下箱体之间的连接螺栓，拆下定位销钉。将螺钉、螺栓、垫圈、螺母和销钉等集中放置，以免丢失。然后拧动启盖螺钉卸下箱盖（如无启盖螺钉，可用螺丝刀在上下箱体结合面处撬开）。

（6）仔细观察箱体内各零部件的结构及位置，完成【专项训练 G401-2 认识减速器】，如表 6.1.3 所示。

表 6.1.3 专项训练 G401-2 认识减速器

<table>
<tr><th>序号</th><th>工作要求</th><th>训练内容</th></tr>
<tr><td>1</td><td>仔细观察箱体内各零部件的结构及位置并回答问题</td><td>(1) 各传动轴轴向安装与定位方式有哪些？
</td></tr>
<tr><td>1</td><td>仔细观察箱体内各零部件的结构及位置并回答问题</td><td>(2) 轴承是如何进行润滑的？如箱座的结合面上有油沟，则箱盖应采取怎样的结构才能使箱盖上的油进入油沟？
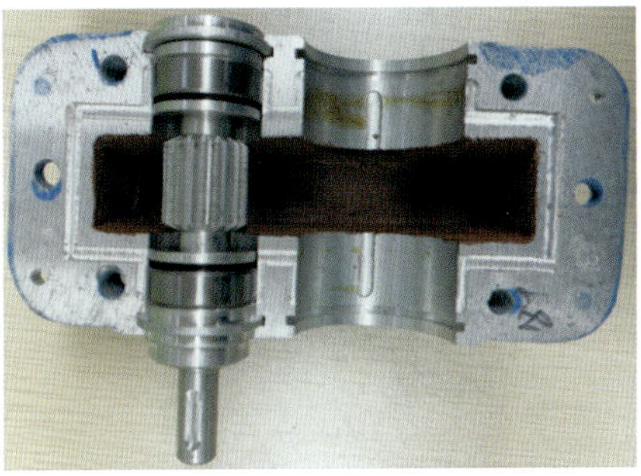</td></tr>
</table>

(7) 卸下轴承盖，将轴和轴上零件随轴一起从箱座取出，按合理的顺序拆卸轴上零件，如图 6.1.3 所示。

(8) 拆卸过程中，完成拆卸过程记录表，如表 6.1.4 所示。

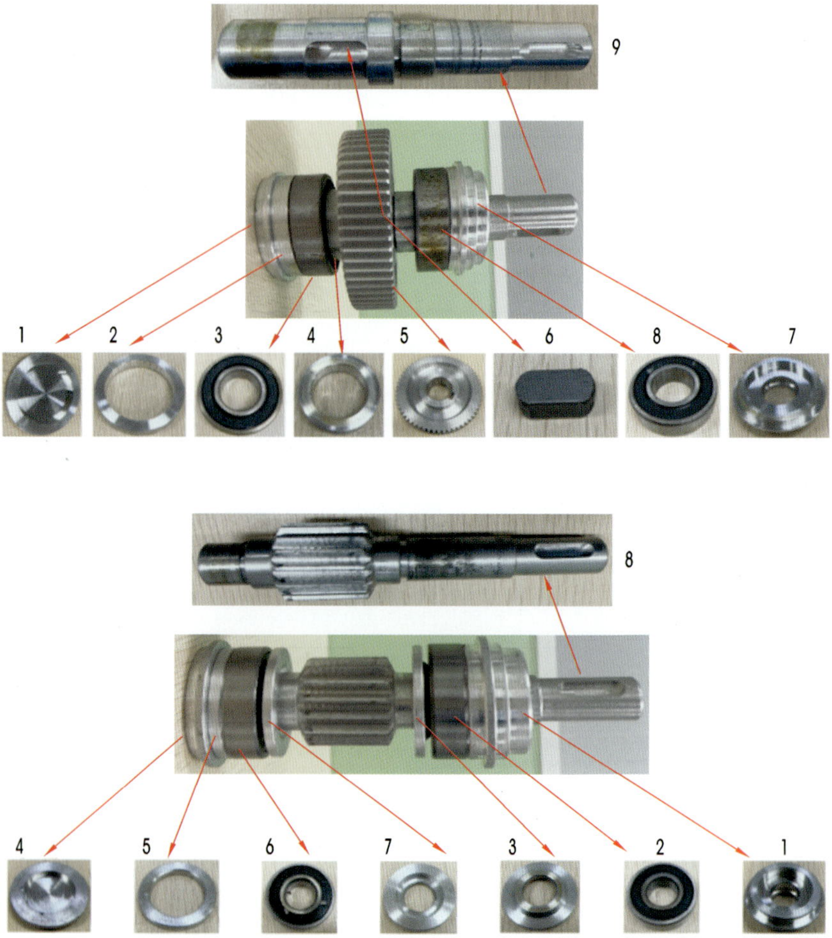

图 6.1.3　拆卸轴上零件顺序图

表 6.1.4　拆卸过程记录表

序号	零件图片	名称	数量/规格	零件编号	备注
1					

续表

序号	零件图片	名称	数量/规格	零件编号	备注
2					
3					
4					
5					
6					

续表

序号	零件图片	名称	数量/规格	零件编号	备注
7					
8					
9	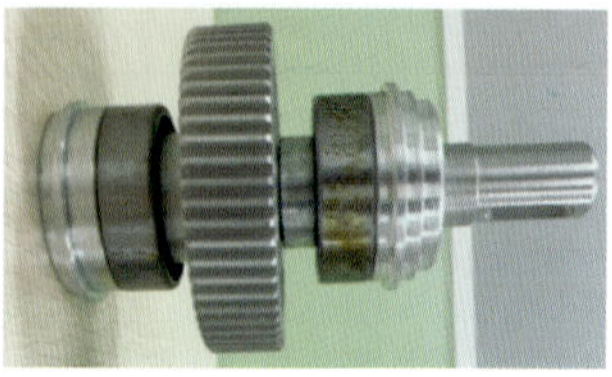				
10					
11					

续表

序号	零件图片	名称	数量/规格	零件编号	备注
12					
13					
14					
15					
16	 				

续表

序号	零件图片	名称	数量/规格	零件编号	备注
17					
18					
19					
20					
21					
22					

续表

序号	零件图片	名称	数量/规格	零件编号	备注
23	 				
24					
25					
26	 				
27	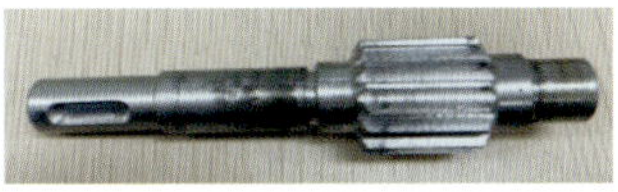				
28					

续表

序号	零件图片	名称	数量/规格	零件编号	备注
29					
30	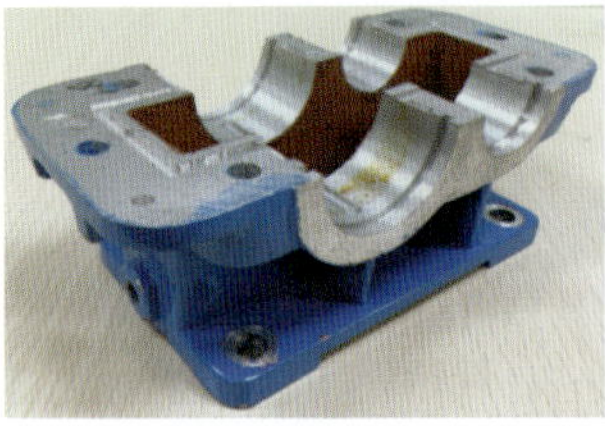				

(9) 认识减速器，测量其尺寸，完成减速器测量数据表，如表 6.1.5 所示。

表 6.1.5　减速器测量数据表

名称	数据	备注
编号或名称		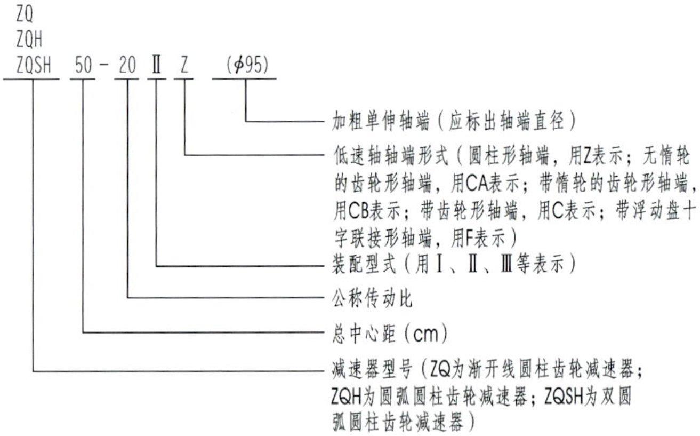

续表

名称	数据	备注
装配形式		 装配体视角Ⅰ  装配体视角Ⅱ  装配体视角Ⅲ  装配体视角Ⅳ  装配体视角Ⅴ  装配体视角Ⅵ  装配体视角Ⅶ  装配体视角Ⅷ  装配体视角Ⅸ
总长		
总宽		
总高		

续表

名称	数据	备注
中心距		
中心高		
齿轮轴齿数		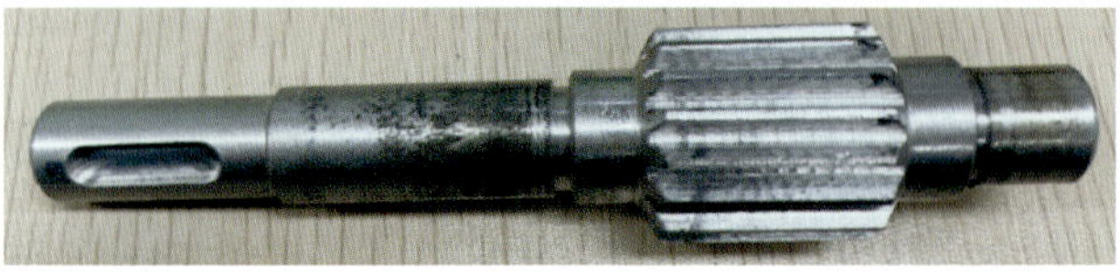
齿轮齿数		

续表

名称	数据	备注
齿轮轴 轴承规格		
轴 轴承规格		
圆柱销		
螺钉		
螺栓		 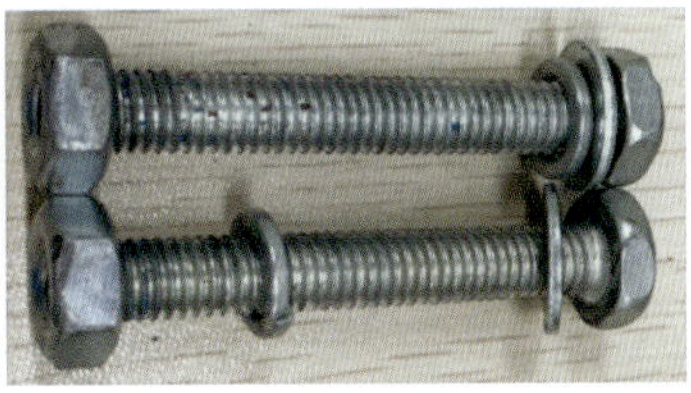

（10）根据图 6.1.4 中标注的减速器零件序号，填写表 6.1.6。

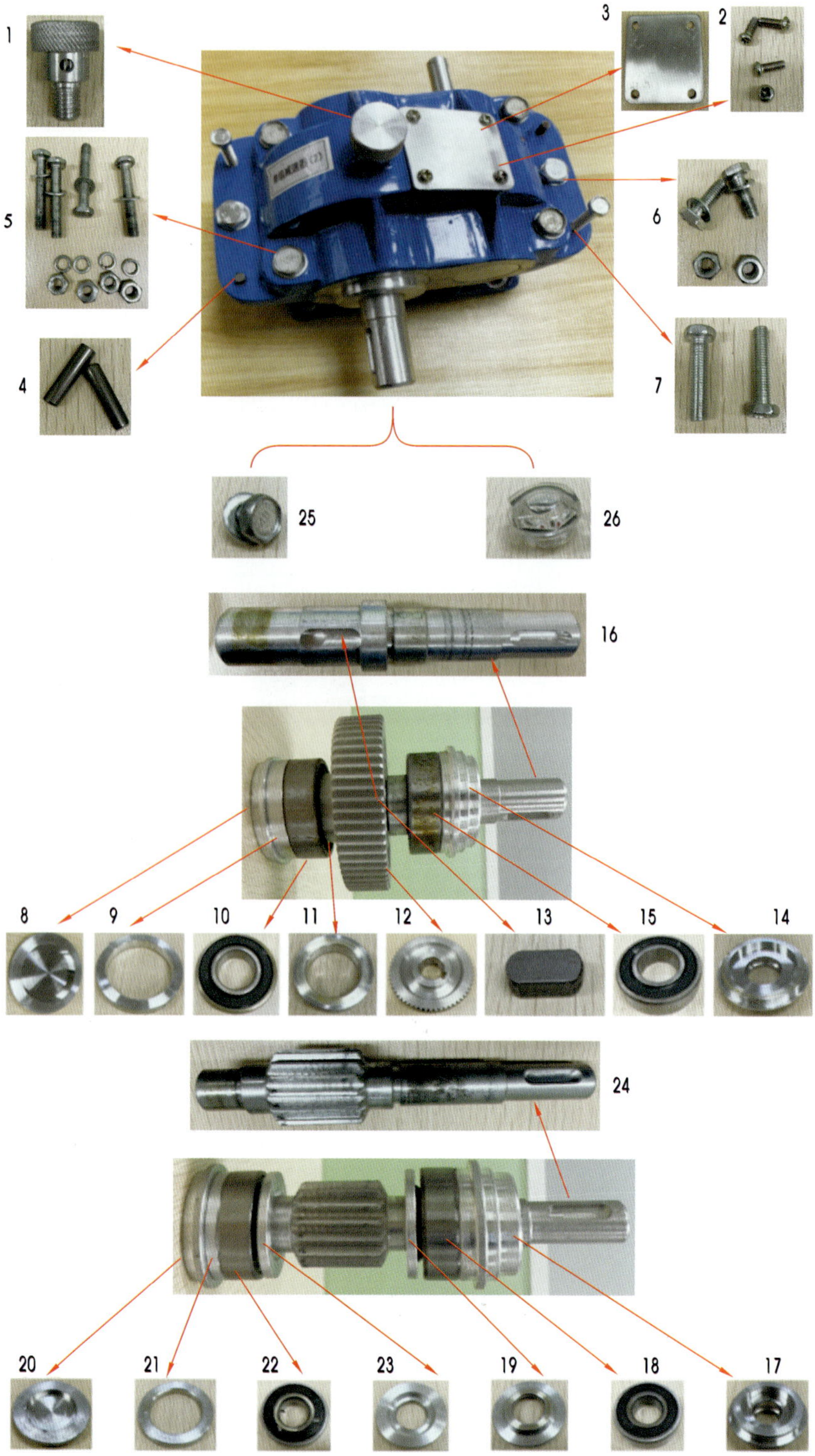

图 6.1.4　减速器零件序号

表 6.1.6　认识减速器各部位零件

序号	名称	位置、用途、润滑和密封方式、调整方法等
1		减速器运转时，由于摩擦发热，机体内温度会升高，气压增大，导致润滑油从缝隙（如剖面、轴外伸处间隙）向外渗漏。所以多在机盖（箱盖）顶部或窥视孔盖上安装通气螺塞，使机体内热涨气体自由逸出，从而使机体内外气压相等，提高机体有缝隙处的密封性能
2		在减速器上部开窥视孔，可以看到传动零件啮合处的情况，以便检查齿面接触斑点和齿侧间隙。润滑油也由此注入机体内。窥视孔上有盖板，以防止污物进入机体内和润滑油飞溅出来
3		
4		为了保证轴承座孔的安装精度，在将机盖和机座用螺栓连接后，在镗孔之前装上两个定位销，销孔应尽量远些以保证定位精度。如机体结构是对称的（如蜗杆传动机体），则销孔不应对称布置
5	轴承旁连接螺栓	
6	箱盖连接螺栓	
7		机盖与机座结合面上常涂有水玻璃或密封胶，它们连接较紧，不易分开。为便于取下机盖，在机盖凸缘上常装有 1～2 个启盖螺钉，在启盖时，可先拧动此螺钉顶起机盖。在轴承端盖上也可以安装启盖螺钉，以便于拆卸端盖
8		为固定轴系部件的轴向位置并承受轴向载荷，轴承座孔两端应用轴承盖封闭
9	轴承挡圈	
10		6205-2RS，原名单列向心球轴承，是应用最广泛的一种滚动轴承。其特点是摩擦阻力小，转速高，能用于承受径向/轴向负荷的机件上，也可用于同时承受径向和轴向作用的联合负荷的机件上
11	轴套	
12	齿轮	
13		依靠两个侧面作为工作面，靠键与键槽侧面的挤压来传递转矩。平键分为普通型平键、薄型平键、导向型平键、滑键四种。普通型平键对中性好，定位精度高，拆装方便，但无法实现轴上零件的轴向固定，用于高速轴或承受冲击、变载荷的轴；薄型平键用于薄壁结构和传递转矩较小的地方；导向型平键用螺钉把键固定在轴上，用于轴上零件沿轴移动量不大的场合；滑键固定在轮毂上，轴上零件带着键作轴向移动，用于轴上零件沿轴移动量较大的场合
14		与轴承外圈接触

续表

序号	名称	位置、用途、润滑和密封方式、调整方法等
15	深沟球轴承	6205-2RS
16	轴	支承转动零件并与之一起回转以传递运动、扭矩或弯矩的机械零件。一般为金属圆杆状，各段可以有不同的直径。机器中作回转运动的零件就装在轴上
17	轴承盖	与轴承外圈接触
18	深沟球轴承	6202-RS
19	轴套	与轴肩和轴承内圈接触
20	轴承盖	与轴承外圈接触
21	轴承挡圈	与轴承外圈接触
22	深沟球轴承	6202-RS
23	轴套	与轴肩和轴承内圈接触
24		支承转动零件并与之一起回转以传递运动、扭矩或弯矩
25		减速器底部设有放油孔，用于排出污油，注油前应用螺塞将其堵住
26		用来检查油面高度，以保证油量正常

(11) 学习【链接知识 G402 组装减速器】。

(12) 完成【专项训练 G402 组装减速器】，如表 6.1.7 所示。

表 6.1.7　专项训练 G402 组装减速器

序号	工作要求	内容
1	根据装配工艺标出合适的螺钉旋紧顺序	

序号	工作要求	内容
1	根据装配工艺标出合适的螺钉旋紧顺序	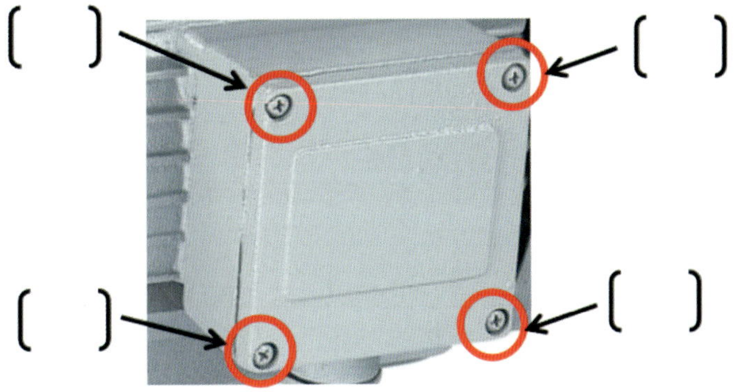

拓展学习

扫描以下产品三维动态模型二维码，观察其特征，绘制其三视图。

【任务评价】

完成【拆装减速器】后，请如实填写表 6.1.8 和表 6.1.9。

表 6.1.8 【拆装减速器】任务评价表

评价项目	评价标准	评价等级		
拆卸减速器	规范、准确	A □	B □	C □
零件摆放	规范	A □	B □	C □
零件清理	规范	A □	B □	C □
装配减速器	规范、准确	A □	B □	C □
装配测试	平缓、顺畅	A □	B □	C □
整理工作台	干净、整齐	A □	B □	C □

表 6.1.9 【拆装减速器】8S 评价表

序号	项目	自评	组长评价	教师评价
1	整理(SEIRI)	A□ B□ C□	A□ B□ C□	A□ B□ C□
2	整顿(SEITON)	A□ B□ C□	A□ B□ C□	A□ B□ C□
3	清扫(SEISO)	A□ B□ C□	A□ B□ C□	A□ B□ C□
4	清洁(SEIKETSU)	A□ B□ C□	A□ B□ C□	A□ B□ C□
5	素养(SHITSUKE)	A□ B□ C□	A□ B□ C□	A□ B□ C□
6	安全(SAFETY)	A□ B□ C□	A□ B□ C□	A□ B□ C□
7	节约(SAVE)	A□ B□ C□	A□ B□ C□	A□ B□ C□
8	学习(STUDY)	A□ B□ C□	A□ B□ C□	A□ B□ C□

注：评价等级中的“A”对应“好”、“B”对应“一般”、“C”对应“差”。

学生：________ 组长：________ 教师：________

任务 2　绘制轴的视图

【任务描述】

测量输出轴实物的各部位尺寸，并绘制其图样。

【知识目标】

断面图(A403)。

【技能目标】

正确绘制断面图。

【任务准备】

游标卡尺、钢直尺、A4 绘图纸、图板、丁字尺、一副三角板、铅笔、橡皮、小刀、透明胶、圆规、分规等。

【任务实施】

(1) 测量输出轴的基本尺寸，并用 A4 绘图纸绘制其主视图。

(2) 学习【链接知识 A403 断面图】。

(3) 完成【专项训练 A403 断面图】，如表 6.2.1 所示。

表 6.2.1 专项训练 A403 断面图

<table>
<tr><th>序号</th><th>内 容</th><th>备注</th></tr>
<tr><td>1</td><td>

根据提示，在下列 3 组图中勾选正确的画法，并将提示内容填入对应图组下面。

（1）第 1 组。

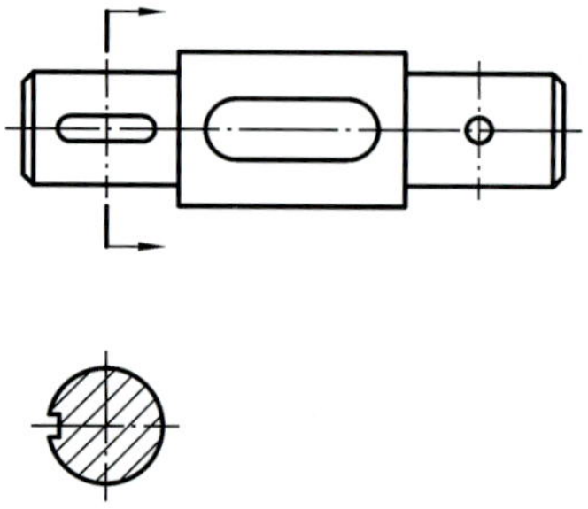

（ ）

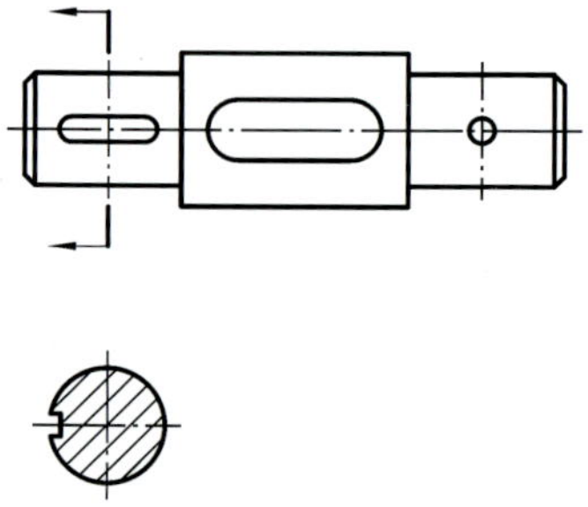

（ ）

（2）第 2 组。

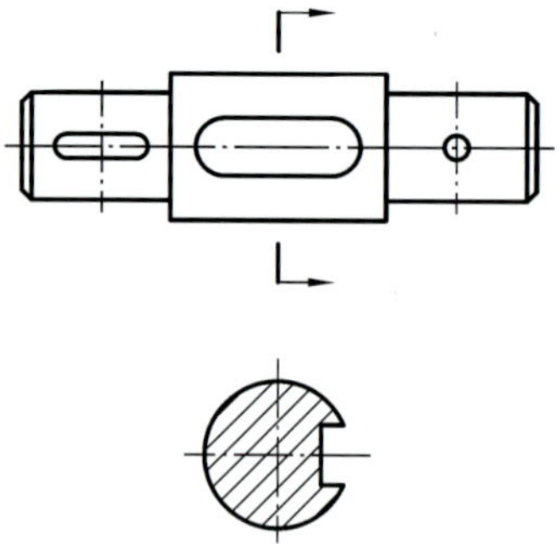

（ ）

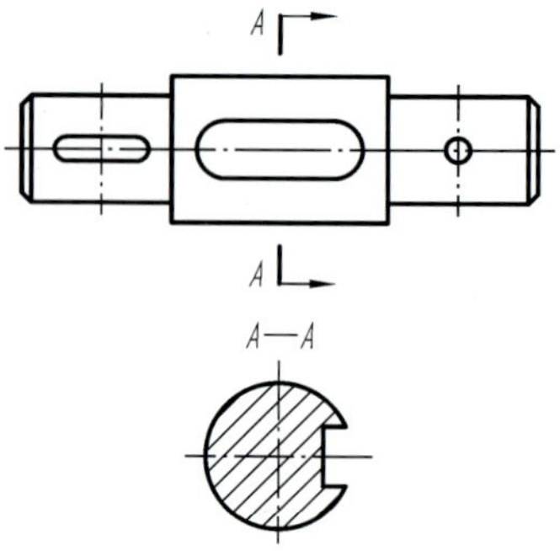

（ ）

（3）第 3 组。

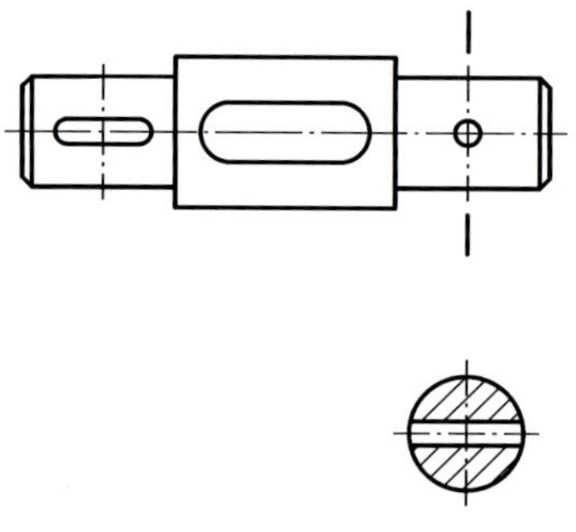

（ ）

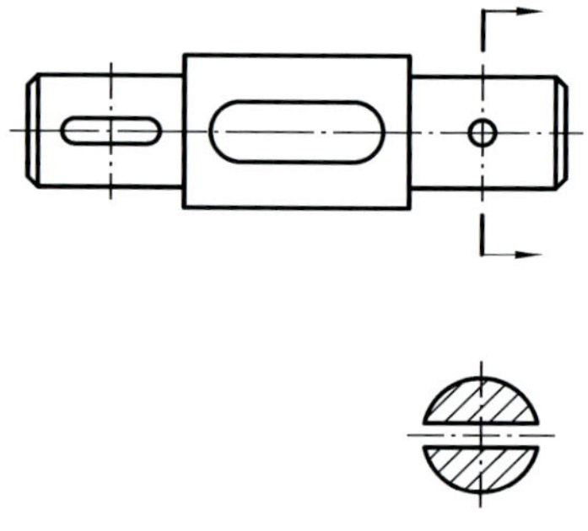

（ ）

提示：

① 移出断面图的图形跟箭头的方向要一致。

② 移出断面图的中心线与剖面线重合时不需要用字母进行标识。

③ 通孔或对称图形在标注时不用标箭头，且轮廓要封闭

</td><td></td></tr>
</table>

续表

序号	内　容	备注
2	补齐下列图形。 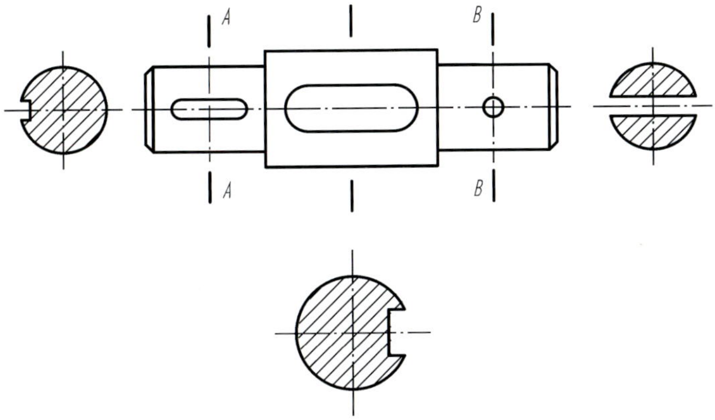	

（4）完善输出轴的断面图。

（5）标注基本尺寸。

拓展学习

1. 任务“输出轴”三维动态模型二维码。

2. 扫描以下产品三维动态模型二维码，观察其特征，绘制其三视图。

【任务评价】

完成【绘制轴的视图】后，请如实填写表 6.2.2 和表 6.2.3。

表 6.2.2 【绘制轴的视图】任务评价表

评价项目	评价标准	评价等级		
输出轴的尺寸	测量正确	A □	B □	C □
输出轴的主视图	绘制正确	A □	B □	C □
输出轴断面图	绘制正确	A □	B □	C □
断面图的画法	熟练掌握	A □	B □	C □
工作表	按时、规范、正确完成	A □	B □	C □

表 6.2.3 【绘制轴的视图】8S 评价表

序号	项目	自评	组长评价	教师评价
1	整理(SEIRI)	A□ B□ C□	A□ B□ C□	A□ B□ C□
2	整顿(SEITON)	A□ B□ C□	A□ B□ C□	A□ B□ C□
3	清扫(SEISO)	A□ B□ C□	A□ B□ C□	A□ B□ C□
4	清洁(SEIKETSU)	A□ B□ C□	A□ B□ C□	A□ B□ C□
5	素养(SHITSUKE)	A□ B□ C□	A□ B□ C□	A□ B□ C□
6	安全(SAFETY)	A□ B□ C□	A□ B□ C□	A□ B□ C□
7	节约(SAVE)	A□ B□ C□	A□ B□ C□	A□ B□ C□
8	学习(STUDY)	A□ B□ C□	A□ B□ C□	A□ B□ C□

注：评价等级中的“A”对应“好”、“B”对应“一般”、“C”对应“差”。

学生：______________ 组长：______________ 教师：______________

任务 3　标注轴的尺寸公差

【任务描述】

完成上一个任务中绘制的减速器输出轴零件图中尺寸公差的标注，如图 6.3.1 所示。

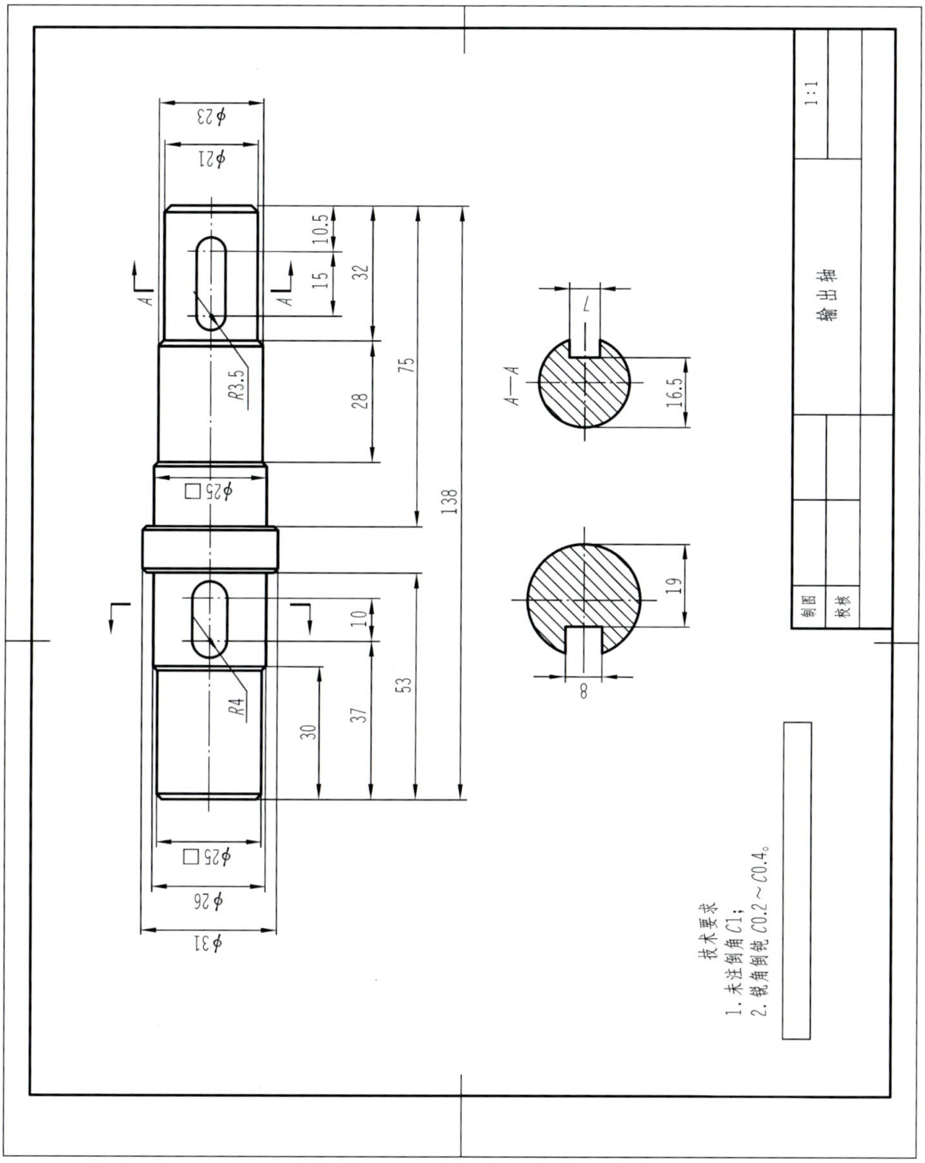

图 6.3.1　减速器输出轴的图样

【知识目标】

（1）零件互换性术语及其定义(C101)；

（2）标准公差和基本偏差(C102)；

（3）公差代号与极限偏差的确定(C103)；

（4）配合与配合种类(C104)；

（5）基孔制与基轴制(C105)；

（6）一般公差——线性尺寸的未注公差(C106)。

【技能目标】

（1）标准公差数值表和基本偏差数值表的查表；

（2）极限偏差表的查表；

（3）合理选用配合制；

（4）合理选用公差等级。

【任务准备】

A4绘图纸、图板、丁字尺、铅笔、橡皮、剪刀、透明胶等。

【任务实施】

（1）学习【链接知识 C101 零件互换性术语及其定义】。

（2）完成【专项训练 C101 零件互换性术语及其定义】，如表6.3.1所示。

表 6.3.1 专项训练 C101 零件互换性术语及其定义

序号	训练内容	备注
1	请参考提示词，在横线上填写正确答案。 (1) 若在________规格的________零件(或部件)中，不经________、修配或调整，任取其一，都能装在机器上达到规定的功能要求，则这些零件具有互换性。 (2) 标准部件内部各零件间的互换性称为________；标准部件与其相配件间的互换性称为________。 (3) 零件在加工过程中由于某种因素的影响而造成的误差称为________。 (4) 几何误差及其控制范围称为________。 (5) 对零件的公差和________所制定的标准称为公差标准。 提示词：选择、统一、一批、随意、公差、内互换、外互换、任取其一、几何误差、相互配合	
2	请在尺寸线上填写孔与轴相对应的公称尺寸代号。 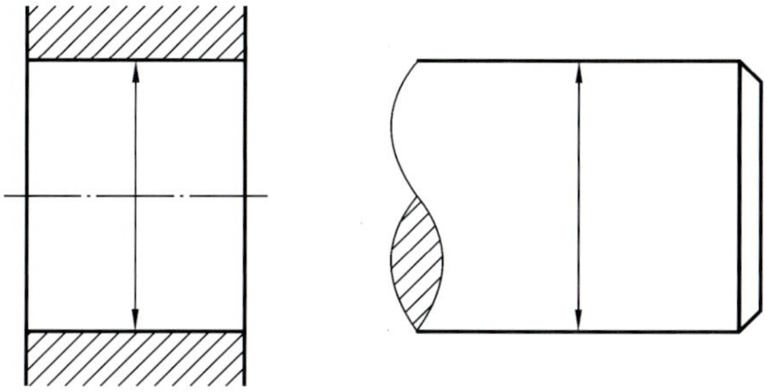	
3	请测量下图中孔与轴的尺寸，并将其填写到方框内。 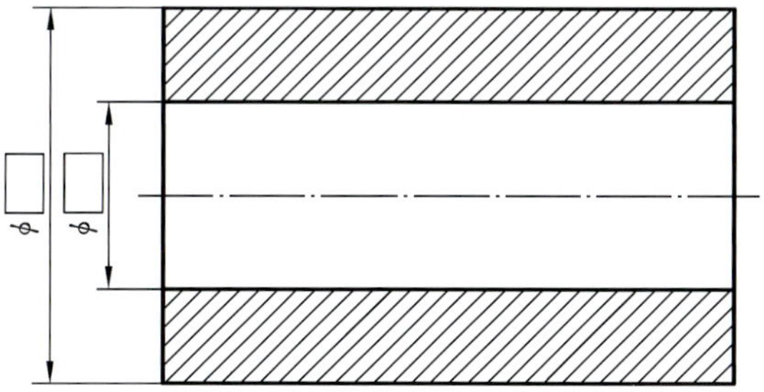	

序号	训练内容	备注
4	已知孔公称尺寸为 $\phi40$ mm，最大极限尺寸为 $\phi40.052$ mm，最小极限尺寸为 $\phi40.023$ mm，试求上、下极限偏差（写出计算过程）。	
5	(1) 计算轴 $\phi42^{+0.024}_{-0.019}$ 的上、下极限尺寸（写出计算过程）。 (2) 若该轴加工后实际的尺寸为 $\phi42.011$ mm，判断此轴是否合格，并在相应的括号内打"√"。 合格（　　）　不合格（　　）	
6	绘制孔 $\phi42$H7 及轴 $\phi42$d7 的尺寸公差带图。 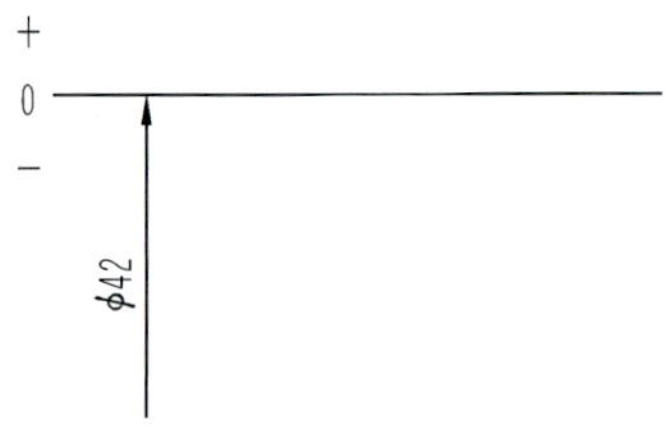 	

（3）学习【链接知识 C102 标准公差和基本偏差】。

（4）完成【专项训练 C102 标准公差和基本偏差】，如表 6.3.2 所示。

表 6.3.2　专项训练 C102 标准公差和基本偏差

序号	训练内容	备注
1	请将公差等级与应用场合对应连线。 特别精密的零件配合　　　IT01 量规　　　IT4 量块　　　IT8 非配合尺寸（大制造公差）　　　IT18	
2	查表确定 ϕ10f8、ϕ32E8、ϕ52h6 的标准公差等级和基本偏差数值。 　　ϕ10f8　　ϕ32E8　　ϕ52h6 标准公差等级：________　________　________ 基本偏差数值：________　________　________	
3	写出基本偏差数值。 （1）ϕ55m6：________； （2）ϕ45R7：________	
4	减速器输出轴的公差等级应选择（　　）。 A. IT7　B. IT6　C. IT11　D. IT13	

（5）学习【链接知识 C103 公差代号与极限偏差的确定】。

（6）完成【专项训练 C103 公差代号与极限偏差的确定】，如表 6.3.3 所示。

表 6.3.3　专项训练 C103 公差代号与极限偏差的确定

序号	训练内容	备注
1	请解释 ϕ60f6 各部分表示的含义。 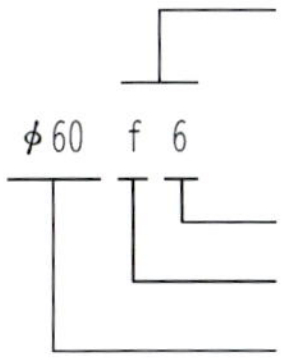 	

续表

序号	训 练 内 容	备注
2	查表确定 $\phi10f8$、$\phi32E8$、$\phi52h6$ 的标准公差等级和基本偏差数值并计算另一极限偏差(写出计算过程)。	

(7) 学习【链接知识 C104 配合与配合种类】。

(8) 完成【专项训练 C104 配合与配合种类】,如表 6.3.4 所示。

表 6.3.4　专项训练 C104 配合与配合种类

序号	训 练 内 容	备注
1	(1) 绘制孔 $\phi35H7$ 及轴 $\phi35k6$ 的尺寸公差带图。  (2) 其配合关系为 □ 间隙配合　□ 过盈配合　□ 过渡配合	

续表

序号	训练内容	备注
2	(1) 绘制孔 $\phi80H7$ 及轴 $\phi80u6$ 的尺寸公差带图。 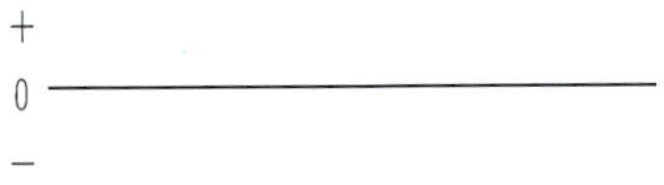 (2) 其配合关系为 □ 间隙配合　□ 过盈配合　□ 过渡配合	
3	(1) 孔 $\phi60H7$ 和轴 $\phi60k6$ 相配合，画出其尺寸公差带图。 (2) 计算其极限间隙或极限过盈。 (3) 其配合关系为 □ 间隙配合　□ 过盈配合　□ 过渡配合	

续表

序号	训练内容	备注
4	(1) 孔 $\phi55H7$ 和轴 $\phi55s6$ 相配合，画出其尺寸公差带图。 (2) 计算其极限间隙或极限过盈。 (3) 其配合关系为 □ 间隙配合　□ 过盈配合　□ 过渡配合	

（9）学习【链接知识 C105 基孔制与基轴制】。

（10）完成【专项训练 C105 基孔制与基轴制】，如表 6.3.5 所示。

表 6.3.5　专项训练 C105 基孔制与基轴制

序号	训练内容	备注
1	请将配合公差带代号填入合适的横线上。 $\frac{F8}{h7}$　$\frac{M8}{h7}$　$\frac{C11}{h11}$　$\frac{C11}{h11}$　$\frac{M6}{h5}$　$\frac{JS8}{h7}$　$\frac{M8}{h7}$ $\frac{M6}{h5}$　$\frac{B11}{h11}$　$\frac{M8}{h7}$　$\frac{S7}{h6}$　$\frac{P7}{h6}$　$\frac{JS6}{h5}$ 间隙配合：____________________ 过渡配合：____________________ 过盈配合：____________________	

序号	训 练 内 容	备注
2	请参考提示词，在横线上填写正确答案。 基孔制配合中，选作基准的________称为基准孔，基本偏差为________，其数值为零，代号为“________”，上极限偏差为正值，即其公差带在零线上侧，上极限偏差用两条虚线段画出，以表示其公差带的变动范围。 提示词：孔、下极限偏差、H、轴、h、上极限偏差	
3	如下图所示，输出轴图样中有两处 φ25 轴段是与轴承配合的位置，那么其公差代号为(　　)。 A. H6　　B. h6　　C. p6　　D. P6 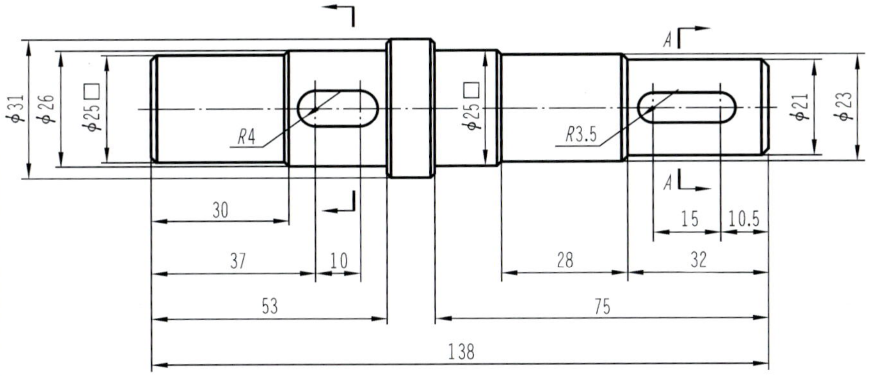 	

(11) 学习【链接知识 C106 一般公差——线性尺寸的未注公差】。

(12) 完成【专项训练 C106 一般公差——线性尺寸的未注公差】，如表 6.3.6 所示。

表 6.3.6　专项训练 C106 一般公差——线性尺寸的未注公差

序号	训 练 内 容	备注
1	请参考提示词，在横线上填写正确答案。 (1) 当一般公差选用________等级时，可在零件图样上(技术要求处)标明：未注公差尺寸按________ 1804-m。 (2) 一般公差有四个等级，分别为 f(________)、m(________)、c(________)、v(________)。 提示词：精密级、中等级、粗糙级、最粗级、高、中、低、GB/T、GB/F	

拓展学习

扫描以下产品三维动态模型二维码，观察其特征，绘制其三视图。

【任务评价】

完成【标注轴的尺寸公差】后，请如实填写表 6.3.7 和表 6.3.8。

表 6.3.7 【标注轴的尺寸公差】任务评价表

评价项目	评价标准	评价等级		
标注规范	公差标注是否规范	A □	B □	C □
画图规范	画图是否规范	A □	B □	C □
公差计算	熟练掌握	A □	B □	C □
配合制	能否熟练选出配合制	A □	B □	C □
公差等级	能否熟练选出公差等级	A □	B □	C □
基本偏差	能否熟练选出基本偏差	A □	B □	C □
极限偏差	能否熟练选出极限偏差	A □	B □	C □
基准制	能否熟练选出基准制	A □	B □	C □

表 6.3.8 【标注轴的尺寸公差】8S 评价表

序号	项目	自评	组长评价	教师评价
1	整理(SEIRI)	A□ B□ C□	A□ B□ C□	A□ B□ C□
2	整顿(SEITON)	A□ B□ C□	A□ B□ C□	A□ B□ C□
3	清扫(SEISO)	A□ B□ C□	A□ B□ C□	A□ B□ C□
4	清洁(SEIKETSU)	A□ B□ C□	A□ B□ C□	A□ B□ C□
5	素养(SHITSUKE)	A□ B□ C□	A□ B□ C□	A□ B□ C□
6	安全(SAFETY)	A□ B□ C□	A□ B□ C□	A□ B□ C□
7	节约(SAVE)	A□ B□ C□	A□ B□ C□	A□ B□ C□
8	学习(STUDY)	A□ B□ C□	A□ B□ C□	A□ B□ C□

注：评价等级中的“A”对应“好”、“B”对应“一般”、“C”对应“差”。

学生：________ 组长：________ 教师：________

任务 4　标注轴的几何公差

【任务描述】

根据给定轴几何公差要求，完成图 6.3.1 所示的图样中几何公差的标注，并测量出所加工轴的几何公差实际值。

【知识目标】

（1）零件的几何要素（C201）；

（2）几何公差被测要素的标注（C202.1）；

（3）几何公差基准要素的标注（C202.2）；

（4）形状公差（C202.3）；

（5）方向公差（C202.4）；

（6）位置公差（C202.5）；

（7）跳动公差（C202.6）；

（8）几何误差的检测（C401.7）。

【技能目标】

（1）轴类零件图几何公差标注；

（2）轴类零件几何公差检测。

【任务准备】

轴、百分表、表座、表架、刃口状 V 形块、平板、无尘纸、A4 绘图纸、图板、丁字尺、铅笔、橡皮、剪刀、透明胶等。

【任务实施】

（1）学习【链接知识 C201 零件的几何要素】。

（2）完成【专项训练 C201-1 零件的几何要素】，如表 6.4.1 所示。

表 6.4.1　专项训练 C201-1 零件的几何要素

序号	训练内容	备注
1	将公差类型与几何公差项目连线。 形状公差　　　　位置度 ⌖ 　　　　　　　　同轴（同心）度 ◎ 　　　　　　　　圆跳动 ↗ 　　　　　　　　全跳动 ⌰ 位置公差　　　　直线度 — 　　　　　　　　平面度 ⏥ 　　　　　　　　圆度 ○ 方向公差　　　　平行度 // 　　　　　　　　垂直度 ⊥ 　　　　　　　　倾斜度 ∠ 跳动公差　　　　对称度 ⌯ 　　　　　　　　圆柱度 ⌭	

(3) 完成【专项训练 C201-2 零件的几何要素】，如表 6.4.2 所示。

表 6.4.2　专项训练 C201-2 零件的几何要素

序号	训练内容				备注
1	判断以下公差项目有无基准要求。				
	直线度	⏤	□有	□无	
	平面度	⏥	□有	□无	
	圆度	○	□有	□无	
	圆柱度	⌭	□有	□无	
	圆跳动	↗	□有	□无	
	全跳动	⌰	□有	□无	
	平行度	//	□有	□无	
	垂直度	⊥	□有	□无	
	倾斜度	∠	□有	□无	
	位置度	⌖	□有	□无	
	同轴(同心)度	◎	□有	□无	
	对称度	⌯	□有	□无	

(4) 学习【链接知识 C202.1 几何公差被测要素的标注】。

(5) 学习【链接知识 C202.2 几何公差基准要素的标注】。

(6) 完成【专项训练 C202.1 几何公差被测要素的标注与 C202.2 几何公差基准要素的标注】，如表 6.4.3 所示。

表 6.4.3　专项训练 C202.1 几何公差被测要素的标注与 C202.2 几何公差基准要素的标注

序号	训练内容	备注
1	请根据左边描述，在右图上完成标注。 (1) 练习 1。 基准代号：*A* 基准要素：底面 被测要素：上表面 公差项目：平行度 公差值：0.02 mm 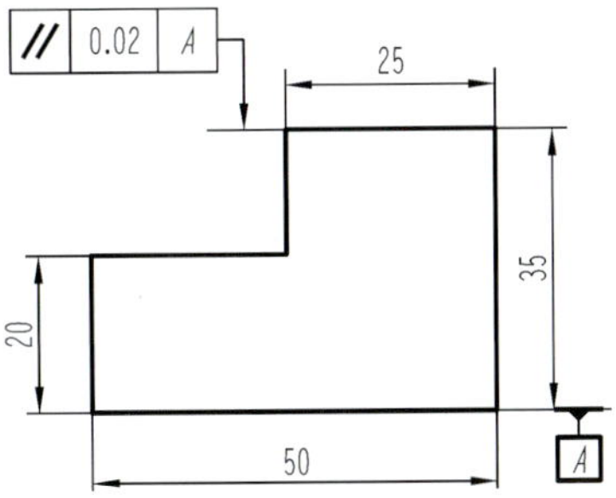 (2) 练习 2。 基准代号：*A* 基准要素：ϕ24 轴段轴线 被测要素：ϕ24 轴左端面 公差项目：垂直度 公差值：0.02 mm 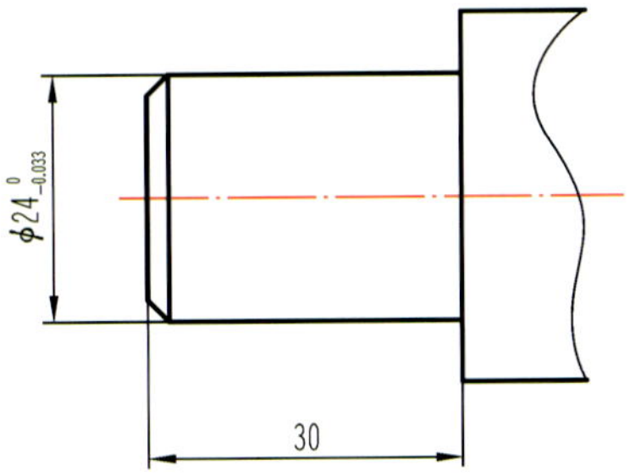 (3) 练习 3。 公共基准代号：*A*、*B* 基准要素：ϕ30、ϕ32 轴段轴线 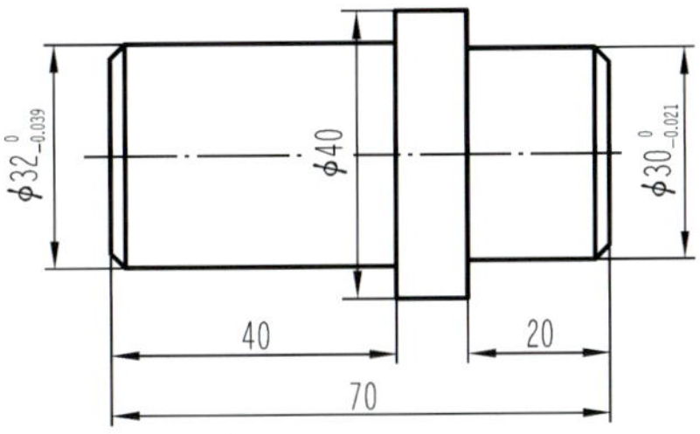 (4) 练习 4。 基准代号：*A* 基准要素：ϕ30 轴段轴线 被测要素：ϕ40 轴段轴线 公差项目：同轴度 公差值：ϕ0.02 mm 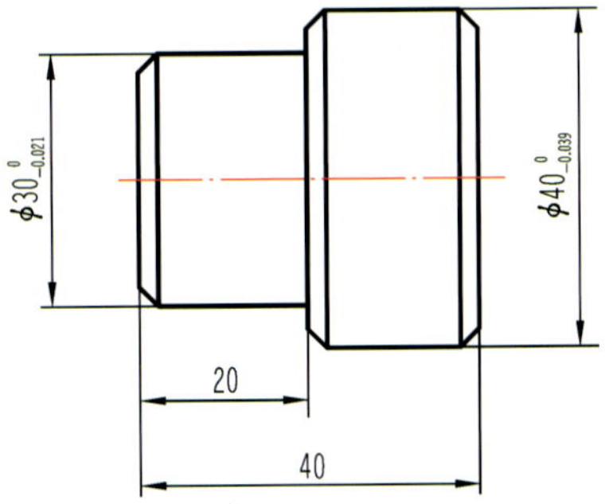	

(7) 学习【链接知识 C202.3 形状公差】。

(8)完成【专项训练 C202.3-1 形状公差】,如表 6.4.4 所示。

表 6.4.4 专项训练 C202.3-1 形状公差

序号	训练内容	备注
1	请根据轴零件图纸,填写相关内容。 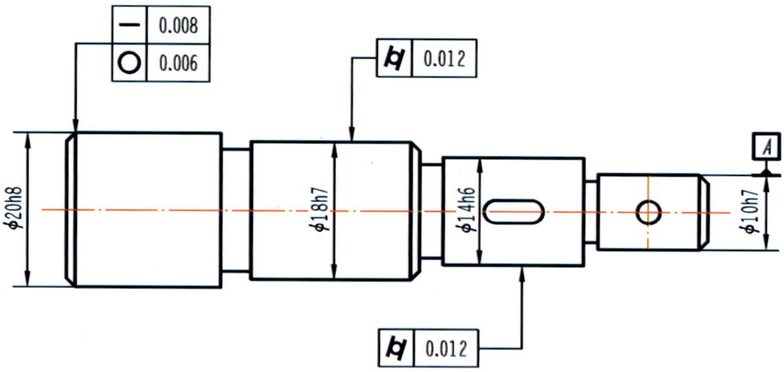	

几何特征	符号	被测要素	允许变动全量
圆柱度	⌭	φ14h6 圆柱面	0.012 mm

(9) 完成【专项训练 C202.3-2 形状公差】,如表 6.4.5 所示。

表 6.4.5　专项训练 C202.3-2 形状公差

序号	训练内容	备注
1	请根据下列有关形状公差的描述,在图样上完成对应公差项目的标注。 (1) 垫块底座的平面度公差值为 0.024 mm。 (2) ϕ12 孔圆柱度为 0.036 mm。 (3) 垫块圆凸台上表面平面度公差值为 0.012 mm。 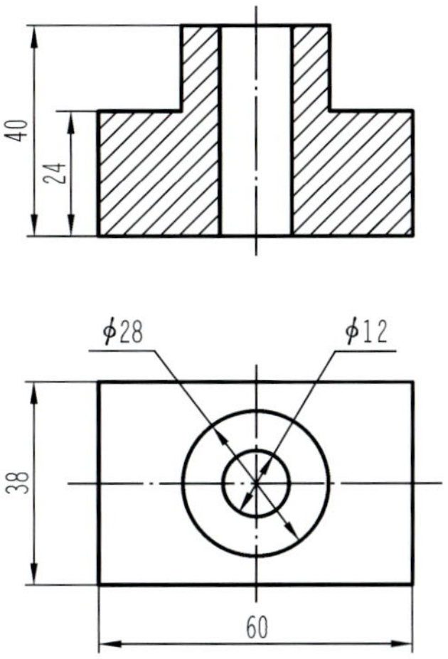	

(10) 学习【链接知识 C202.4 方向公差】。

(11) 完成【专项训练 C202.4-1 方向公差】,如表 6.4.6 所示。

表 6.4.6　专项训练 C202.4-1 方向公差

序号	训练内容	备注
1	请根据轴套零件图样,填写相关内容。 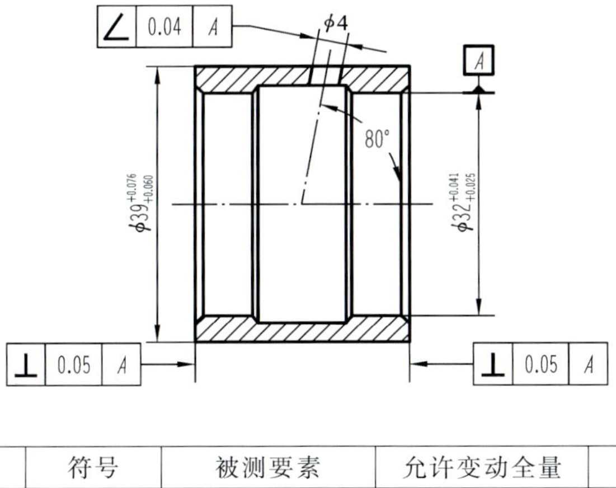	

几何特征	符号	被测要素	允许变动全量	基准要素
垂直度	⊥	轴套左端面	0.05 mm	ϕ32 孔轴线

（12）完成【专项训练 C202.4-2 方向公差】，如表 6.4.7 所示。

表 6.4.7　专项训练 C202.4-2 方向公差

序号	训练内容	备注
1	请按照几何公差标注要求检查零件图，圈出左图中标注错误之处，并在右图中做出修改。 （1）几何公差标注要求：ϕ35k6 轴线对基准 *A*（ϕ34 端面）的垂直度公差为 0.02 mm。 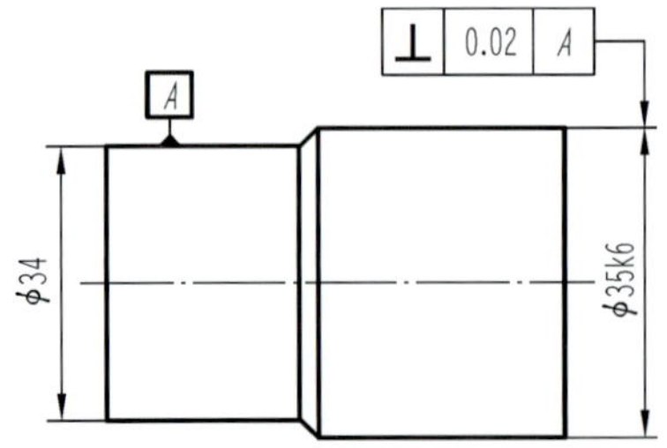 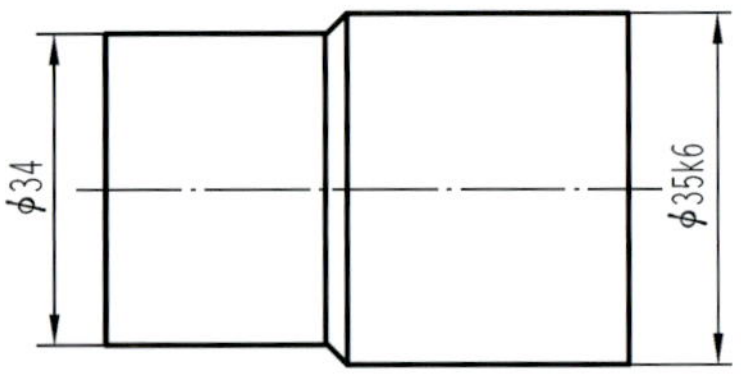 （2）几何公差标注要求：ϕ25 中心线对基准 *A* 的平行度公差为 0.015 mm。 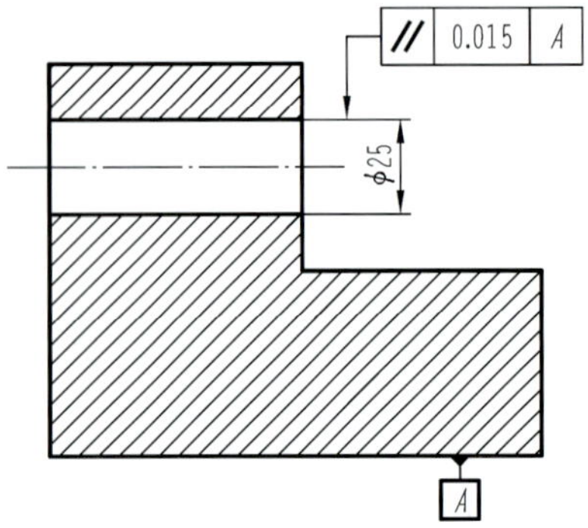 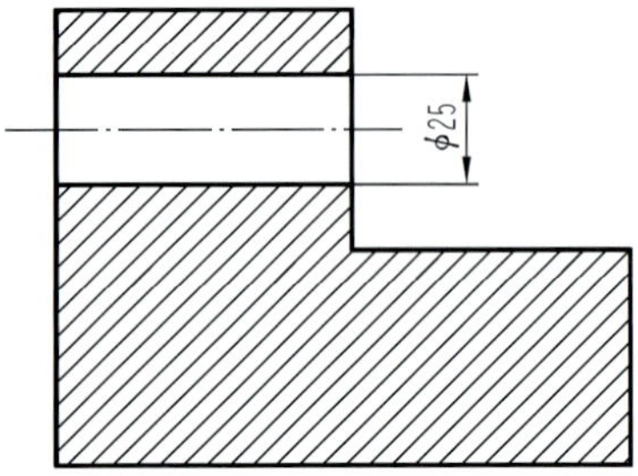 （3）几何公差标注要求：10P9 两侧面对中心的平行度公差为 0.02 mm。 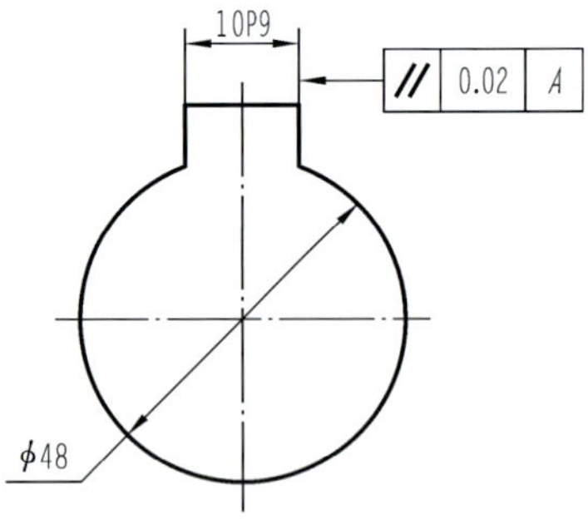 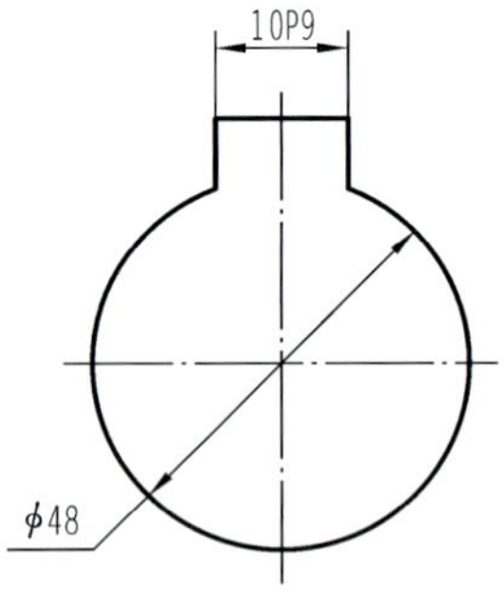	

(13) 学习【链接知识 C202.5 位置公差】。

(14) 完成【专项训练 C202.5-1 位置公差】，如表 6.4.8 所示。

表 6.4.8 专项训练 C202.5-1 位置公差

序号	训练内容	备注
1	请根据零件图样，填写相关内容。	

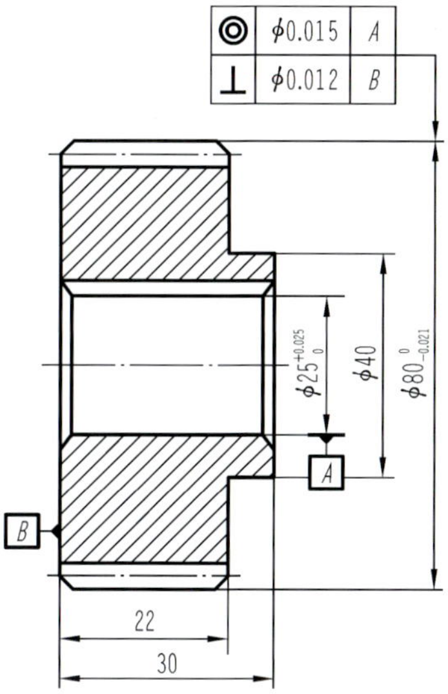

几何特征	符号	被测要素	允许变动全量	基准要素

(15) 完成【专项训练 C202.5-2 位置公差】，如表 6.4.9 所示。

表 6.4.9 专项训练 C202.5-2 位置公差

序号	训练内容	备注
1	请按照几何公差标注要求检查零件图，圈出左图中标注错误之处，并在右图中做出修改。 (1) 几何公差标注要求：ϕ35k6 轴线对基准 *A*（ϕ34 轴线）的同轴度公差为 ϕ0.012 mm。	

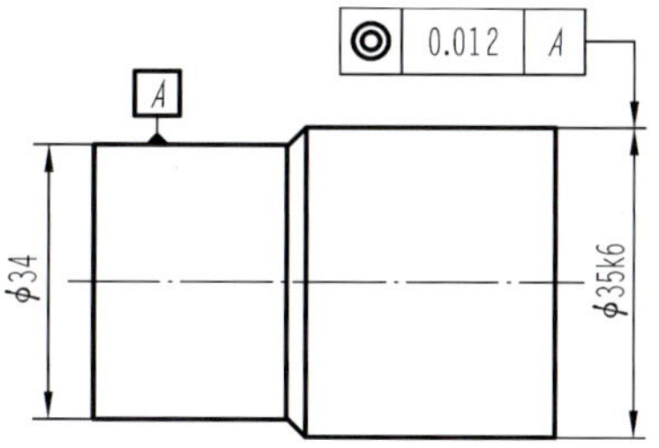

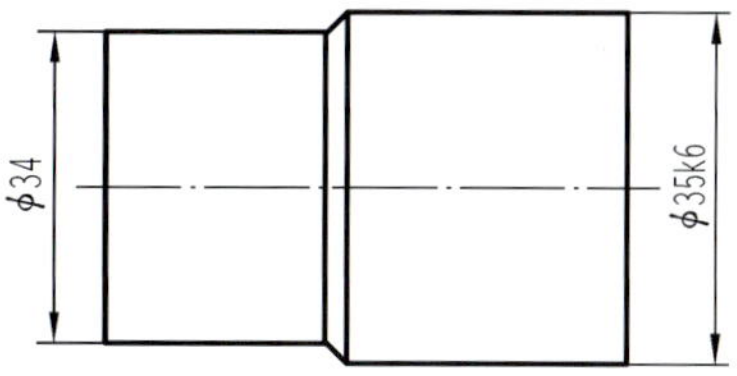

续表

<table>
<tr><th>序号</th><th>训 练 内 容</th><th>备注</th></tr>
<tr><td>1</td><td>（2）几何公差标注要求：8P9 两侧面对中心的对称度公差为 0.02 mm。

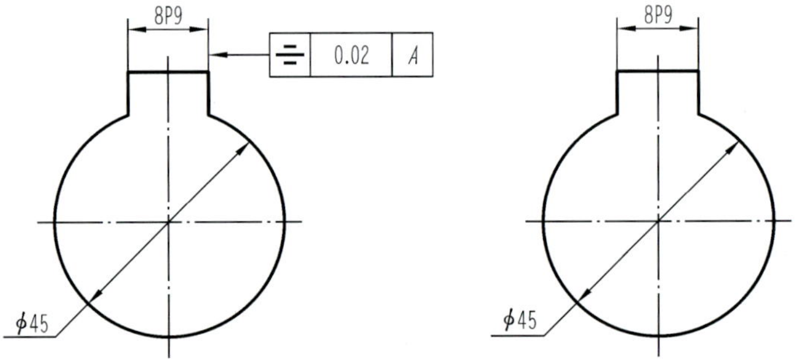

</td><td></td></tr>
</table>

（16）学习【链接知识 C202.6 跳动公差】。

（17）完成【专项训练 C202.6-1 跳动公差】，如表 6.4.10 所示。

表 6.4.10　专项训练 C202.6-1 跳动公差

<table>
<tr><th>序号</th><th>训 练 内 容</th><th>备注</th></tr>
<tr><td>1</td><td>请根据零件图样，填写相关内容。

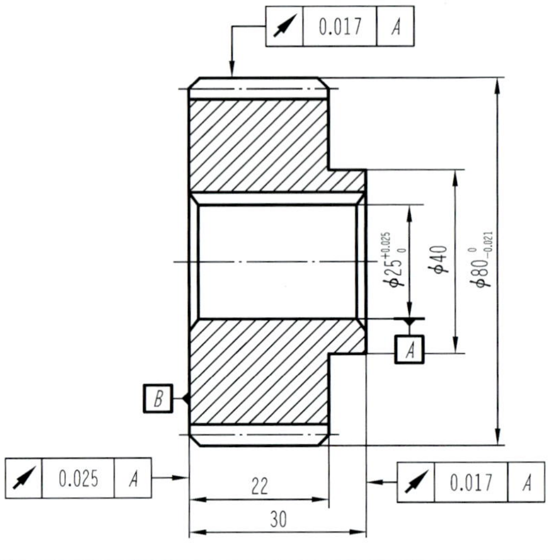

<table>
<tr><th>几何特征</th><th>符号</th><th>被测要素</th><th>允许变动全量</th><th>基准要素</th></tr>
<tr><td></td><td></td><td></td><td></td><td></td></tr>
<tr><td></td><td></td><td></td><td></td><td></td></tr>
<tr><td></td><td></td><td></td><td></td><td></td></tr>
</table>
</td><td></td></tr>
</table>

(18) 完成【专项训练 C202.6-2 跳动公差】,如表 6.4.11 所示。

表 6.4.11　专项训练 C202.6-2 跳动公差

<table>
<tr><th>序号</th><th>训练内容</th><th>备注</th></tr>
<tr><td>1</td><td>
请按照几何公差标注要求检查零件图,圈出左图中标注错误之处,并在右图中做出修改。

(1) 几何公差标注要求:ϕ100h6 圆柱面对 ϕ40H7 孔轴线的径向圆跳动公差为 0.018 mm。

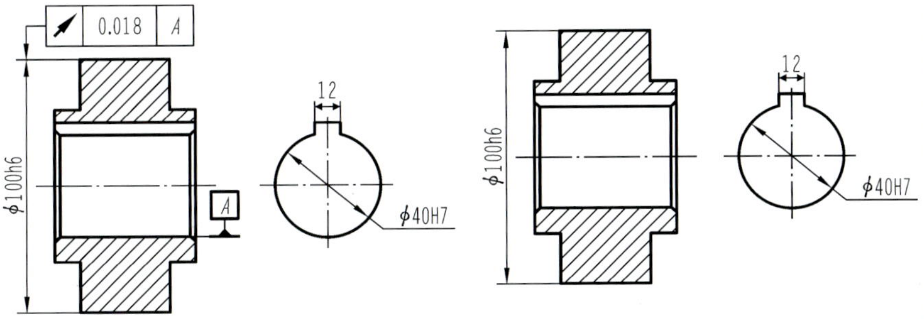

(2) 几何公差标注要求:左、右两凸轮端面对 ϕ40H7 孔轴线的圆跳动为 0.012 mm。

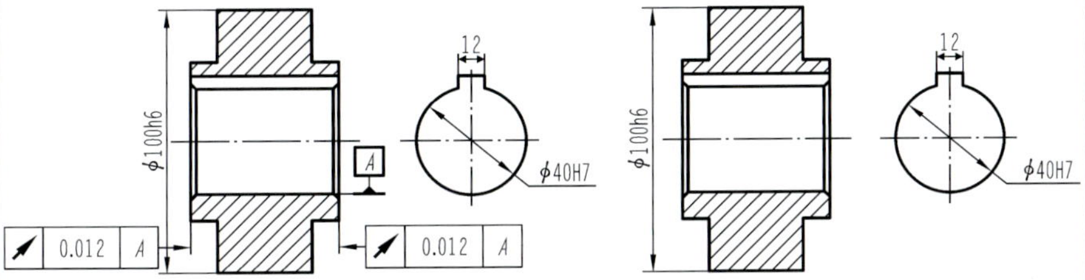

</td><td>2</td></tr>
</table>

(19) 学习【链接知识 C401.7 几何误差的检测】。

(20) 完成【专项训练 C401.7-1 几何误差的检测】,如表 6.4.12 所示。

拓展学习

扫描以下产品三维动态模型二维码，观察其特征，绘制其三视图。

表 6.4.12　专项训练 C401.7-1 几何误差的检测

序号	训练内容		备注
1	请将测量工具与对应的最小刻度连线。  百分表  千分表 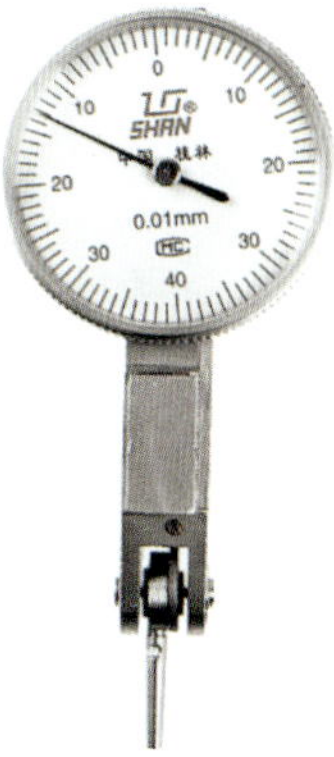 杠杆百分表	0.01 mm 0.001 mm	

（21）完成【专项训练 C401.7-2 几何误差的检测】，如表 6.4.13 所示。

表 6.4.13　专项训练 C401.7-2 几何误差的检测

序号	训练内容	备注
1	请填写图中百分表的读数。  读数为____________。	

(22) 完成【专项训练 C401.7-3 几何误差的检测】,如表 6.4.14 所示。

表 6.4.14 专项训练 C401.7-3 几何误差的检测

序号	训练内容	备注
1	请填写百分表各部位的名称。 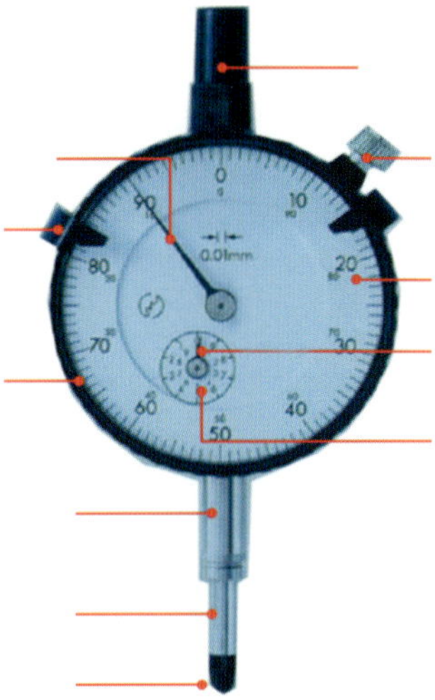 提示词:外壳、长指针、限位指针、测头、轴杆、短指针、测杆、限位螺钉、保护帽、大刻度盘、小刻度盘	

(23) 根据输出轴几何公差要求,完成输出轴图样上的几何公差的标注。

① 以 $\phi 26_{-0.013}^{0}$ 轴线、$\phi 21_{-0.02}^{-0.007}$ 轴线为测量基准,$\phi 25_{+0.022}^{+0.035}$ 轴段的同轴度公差值为 $\phi 0.025$ mm。

② 以 $\phi 26_{-0.013}^{0}$ 轴线为测量基准,$\phi 25_{+0.022}^{+0.035}$ 轴段键槽对称度公差值为 $\phi 0.02$ mm。

③ 以 $\phi 26_{-0.013}^{0}$ 轴线为测量基准,$\phi 21_{-0.02}^{-0.007}$ 轴段键槽对称度公差值为 $\phi 0.02$ mm。

(24) 根据输出轴零件图样(见图 6.4.1),利用提供的工具测量几何公差项目的实际值。

① 测量任务解读。

如图 6.4.1 所示,被测要素为 $\phi 25_{+0.022}^{+0.035}$ 轴线,基准要素为 $\phi 26_{-0.013}^{0}$、$\phi 21_{-0.02}^{-0.007}$ 公共轴线。具体要求是:被测圆柱面的轴线必须位于直径为公差值 ϕt($\phi 0.025$)的圆柱面内(见图 6.4.2),此圆柱面的轴线与公共基准轴线 A—B(即 $\phi 26_{-0.013}^{0}$、$\phi 21_{-0.02}^{-0.007}$ 圆柱面的公共轴线)重合。

② 测量方案确定。

用两个相同的 V 形块支承基准部位,然后用打表法测量被测部位。

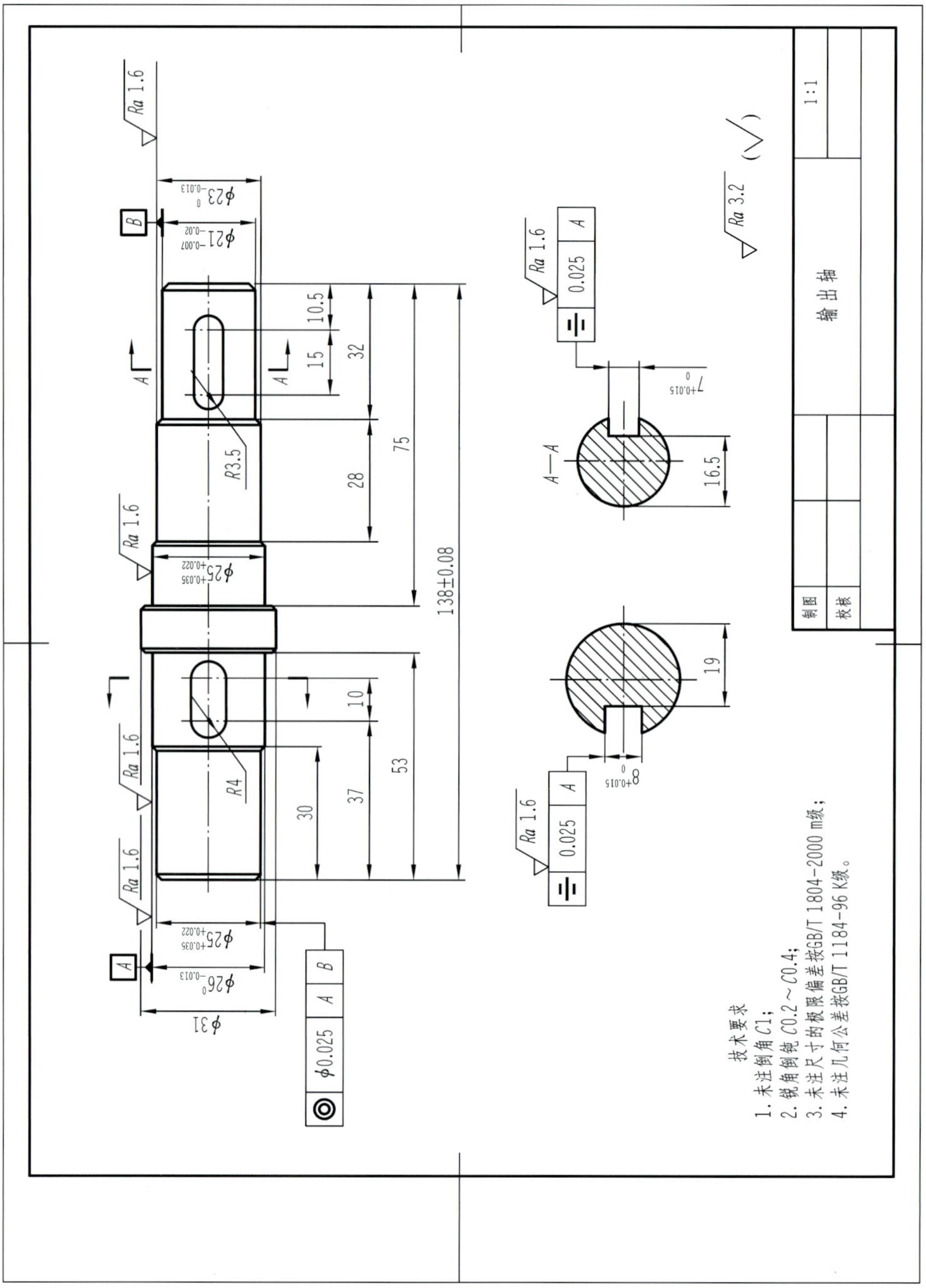

图 6.4.1　输出轴零件图样

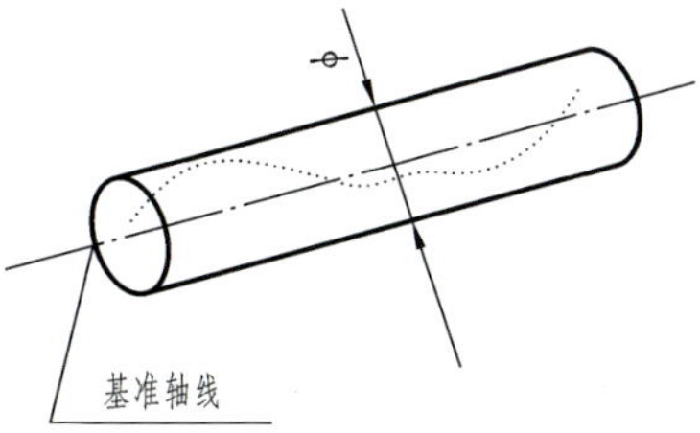

图 6.4.2　同轴度公差带示例

③ 测量实施。

(a) 将准备好的刃口状 V 形块放置在平板上，并调整至水平。

(b) 将被测零件基准轮廓要素的中截面(两端圆柱的中间位置)放置在两个等高的刃口状 V 形块上，基准轴线由 V 形块模拟，如图 6.4.3 所示。

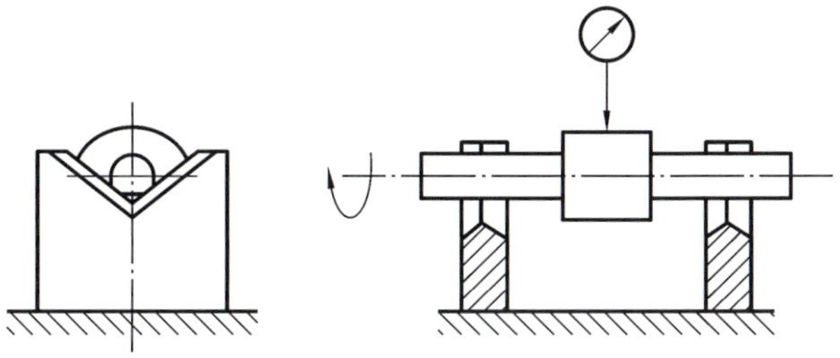

图 6.4.3　同轴度测量

(c) 安装好百分表、表座、表架，调节百分表，使测头与工件被测外表面接触，并有1～2圈的压缩量。

(d) 缓慢而均匀地转动工件一周，并观察百分表指针的波动，取最大读数 M_{max} 与最小读数 M_{min} 的差值之半，作为该截面的同轴度误差。

(e) 转动被测零件，按上述方法测量四个不同截面，如图 6.4.4 所示，取各截面测得的最大读数 M_{max} 与最小读数 M_{min} 差值之半中的最大值(绝对值)作为该零件的同轴度误差。

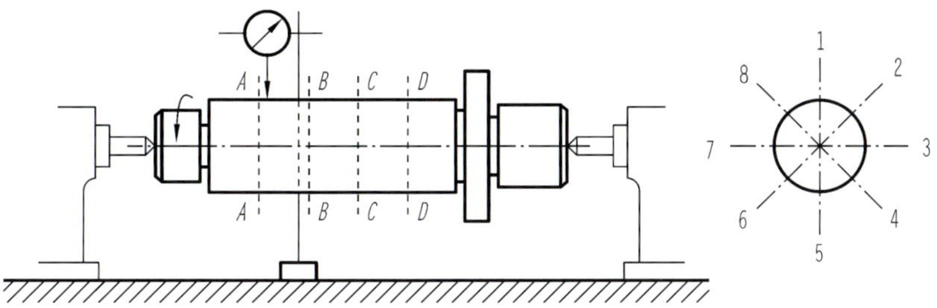

图 6.4.4　同轴度测量截面示意图

(f) 完成检测报告，整理实验器具。

④ 数据处理。

(a) 先计算出单个测量截面上的同轴度误差值，即 $\Delta=(M_{max}-M_{min})/2$。

(b) 取各截面上测得的同轴度误差值中的最大值作为该零件的同轴度误差。

⑤ 检测报告。

按步骤完成测量并将被测件的相关信息及测量结果填入检测报告单(见表 6.4.15)。

表 6.4.15 同轴度误差检测报告单

仪器读数	测量记录和数据处理			
	截面 $A—A$	截面 $B—B$	截面 $C—C$	截面 $D—D$
	M_{max}	M_{max}	M_{max}	M_{max}
	M_{min}	M_{min}	M_{min}	M_{min}
$\Delta=(M_{max}-M_{min})/2$				
同轴度误差 $\Delta=\Delta_{max}=$ mm			判断合格性：□ 合格 □ 不合格	

拓展学习

扫描以下产品三维动态模型二维码，观察其特征，绘制其三视图。

【任务评价】

完成【标注轴的几何公差】后，请如实填写表 6.4.16 和表 6.4.17。

表 6.4.16　【标注轴的几何公差】任务评价表

评价项目	评价标准	评价等级		
百分表安装	装夹可靠合理	A □	B □	C □
工件安装	装夹可靠合理	A □	B □	C □
测量几何公差	操作规范高效	A □	B □	C □
几何公差项目	理解并掌握	A □	B □	C □
输出轴几何公差标注	标注正确	A □	B □	C □
绘图工具	清洁且使用规范	A □	B □	C □
几何标注	规范有序	A □	B □	C □
字迹	工整美观	A □	B □	C □
工作表	按时、规范、正确完成	A □	B □	C □

表 6.4.17　【标注轴的几何公差】8S 评价表

序号	项　目	自　评	组长评价	教师评价
1	整理(SEIRI)	A□　B□　C□	A□　B□　C□	A□　B□　C□
2	整顿(SEITON)	A□　B□　C□	A□　B□　C□	A□　B□　C□
3	清扫(SEISO)	A□　B□　C□	A□　B□　C□	A□　B□　C□
4	清洁(SEIKETSU)	A□　B□　C□	A□　B□　C□	A□　B□　C□
5	素养(SHITSUKE)	A□　B□　C□	A□　B□　C□	A□　B□　C□
6	安全(SAFETY)	A□　B□　C□	A□　B□　C□	A□　B□　C□
7	节约(SAVE)	A□　B□　C□	A□　B□　C□	A□　B□　C□
8	学习(STUDY)	A□　B□　C□	A□　B□　C□	A□　B□　C□

注：评价等级中的“A”对应“好”、“B”对应“一般”、“C”对应“差”。

学生：＿＿＿＿＿＿＿＿　组长：＿＿＿＿＿＿＿＿　教师：＿＿＿＿＿＿＿＿

任务5 标注轴的表面粗糙度

【任务描述】

完善减速器输出轴图样中的表面粗糙度标注，如图 6.5.1 所示。

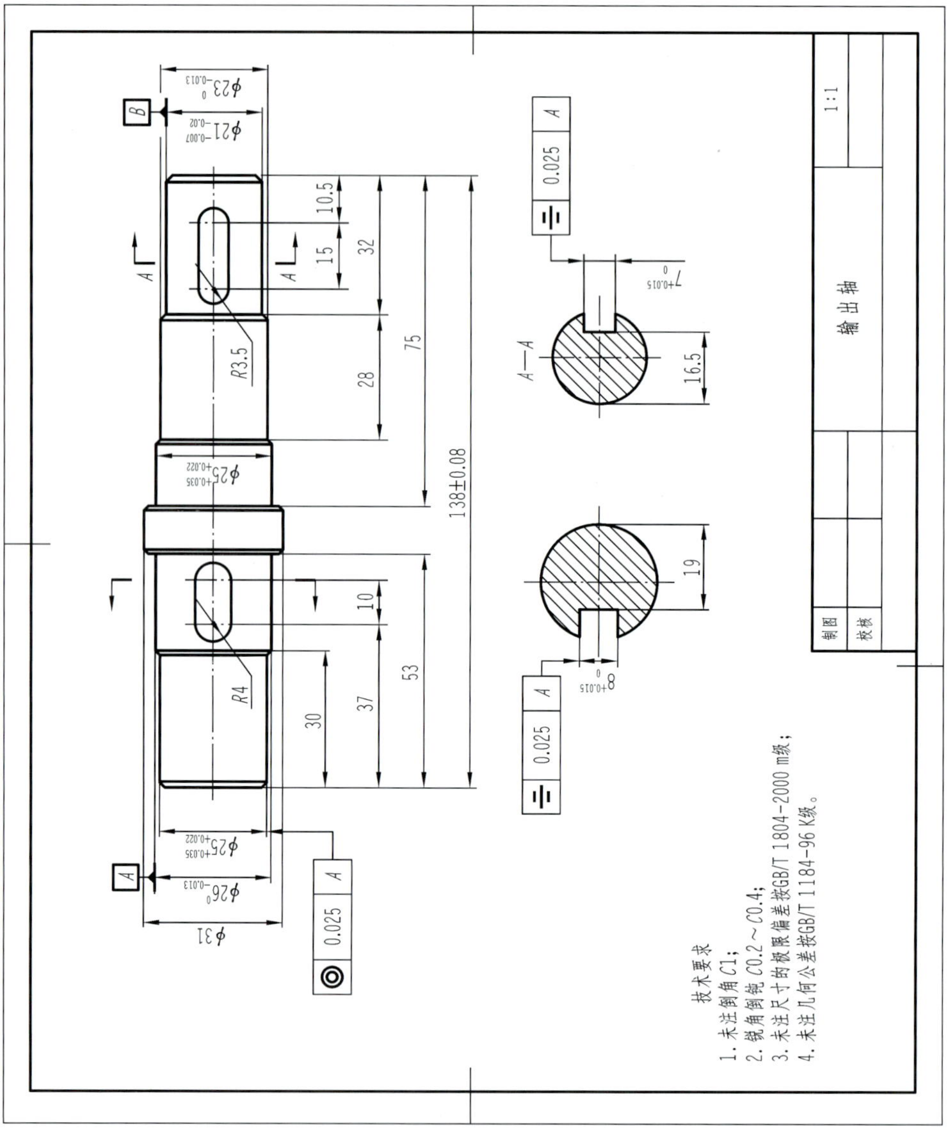

图 6.5.1 减速器输出轴图样

【知识目标】

（1）表面结构及其评定参数（C301）；

（2）表面结构的图样标注（C302）。

【技能目标】

（1）输出轴零件图表面粗糙度标注；

（2）零件表面粗糙度检测。

【任务准备】

输出轴工件、平板、A4 绘图纸、图版、丁字尺、铅笔、橡皮、剪刀、透明胶等。

【任务实施】

（1）学习【链接知识 C301 表面结构及其评定参数】。

（2）完成【专项训练 C301 表面结构及其评定参数】，如表 6.5.1 所示。

表 6.5.1 专项训练 C301 表面结构及其评定参数

序号	训练内容	备注
1	请参考提示词，在横线上填写正确答案。 （1）当两个表面做相对运动时，一般情况下表面越粗糙，其摩擦因数、摩擦阻力____________，磨损也越快。 （2）对于间隙配合，粗糙度表面会因峰尖很快磨损而使间隙很快____________；对于____________，粗糙表面的峰顶被挤平，使实际过盈减小，影响连接强度。	

续表

序号	训练内容	备注
1	(3) 表面越粗糙，微观不平的凹痕就越深，在交变应力的作用下易产生应力集中，使表面出现________，从而降低零件的疲劳强度。 (4) 表面越粗糙，表面间的实际接触面积就越小，单位面积受力就越大，使峰顶处的局部________增大，接触刚度降低，从而影响机器的工作精度和抗震性能。 提示词：越大、塑性变形、增大、疲劳裂纹、过盈配合、性能	
2	请参考提示词，在横线上填写正确答案。 (1) ________应用举例：半成品粗加工后的表面，非配合的加工表面，如轴端面、倒角、钻孔、齿轮的侧面、带轮的侧面、键槽底面、垫圈接触面等。 (2) ________应用举例：半精加工表面，箱体、支架、端盖、套筒等与其他零件结合而无配合要求的表面，需要发蓝的表面等。 (3) ________应用举例：精密机床主轴锥孔，顶尖圆锥面发动机曲轴，凸轮轴工作表面，高精度齿轮齿面等。 (4) ________应用举例：高精密量仪、量块的工作表面，高精密仪器摩擦机构的支撑表面，光学仪器中的金属镜面等。 提示词：$Ra \leqslant 0.01$、$Ra > 0.08 \sim 0.16$、$Ra > 0.16 \sim 0.32$、$Ra > 2.5 \sim 5$、$Ra > 20 \sim 40$、$Ra > 0.63 \sim 1.25$	

(3) 学习【链接知识 C302 表面结构的图样标注】。

(4) 完成【专项训练 C302 表面结构的图样标注】，如表 6.5.2 所示。

表 6.5.2 专项训练 C302 表面结构的图样标注

序号	训练内容	备注
1	请根据下列文字要求，判断图(a)中表面粗糙度标注是否正确，如不正确，圈出图中错误，并将正确的表面粗糙度标注在图(b)中。 (1) 零件上表面最大轮廓峰高与最大轮廓谷深之和的高度为粗糙度 3.2 μm； (2) 零件下表面最大轮廓峰高与最大轮廓谷深之和的高度为粗糙度 3.2 μm。 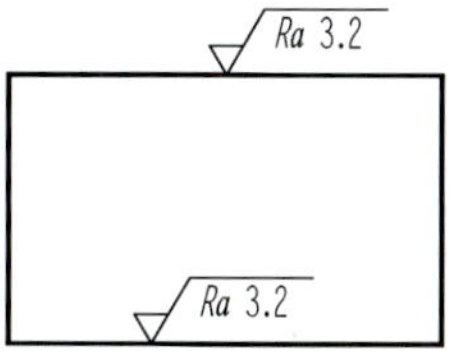 图(a) 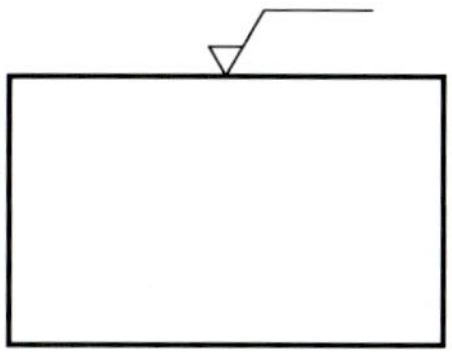 图(b)	
2	如图 6.5.1 所示，输出轴图样中有两处 ϕ25 mm 轴段是与轴承配合的位置，那么其粗糙度为(　　)。 A. *Ra*3.2　　B. *Ra*1.6　　C. *Ra*6.4	

(5) 根据输出轴粗糙度要求，在图 6.5.2 中方框内填写合适的表面粗糙度。

(6) 填写标题栏，完成图纸。

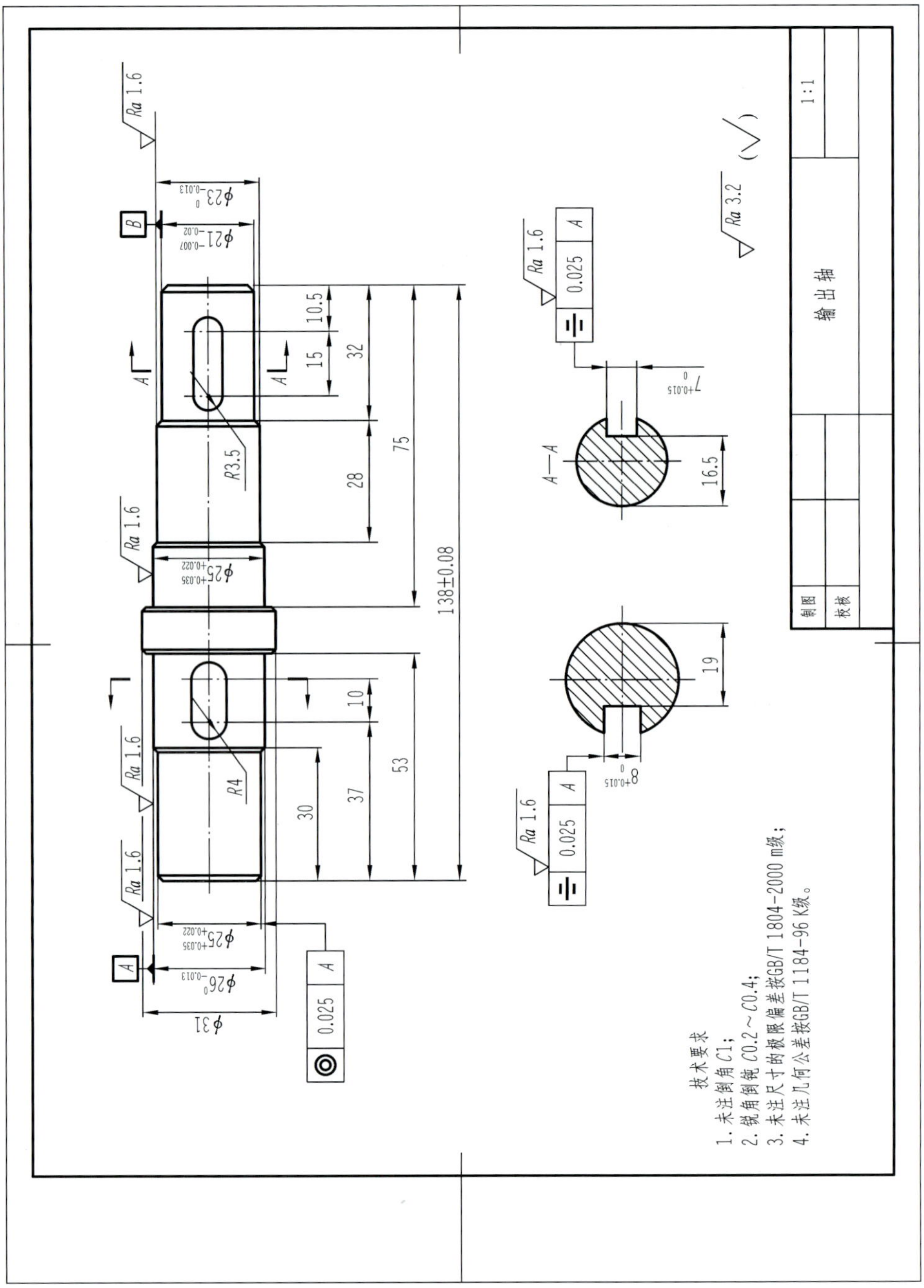

图 6.5.2 填写表面粗糙度

拓展学习

扫描以下产品三维动态模型二维码，观察其特征，绘制其三视图。

【任务评价】

完成【标注轴的表面粗糙度轴】后，请如实填写表 6.5.3 和表 6.5.4。

表 6.5.3 【标注轴的表面粗糙度轴】任务评价表

评价项目	评价标准	评价等级		
粗糙度知识	理解透彻	A □	B □	C □
粗糙度标注	标注正确	A □	B □	C □
尺寸标注	规范有序	A □	B □	C □
字迹	工整美观	A □	B □	C □
工作表	按时、规范、正确完成	A □	B □	C □

表 6.5.4 【标注轴的表面粗糙度轴】8S 评价表

序号	项目	自评	组长评价	教师评价
1	整理(SEIRI)	A□ B□ C□	A□ B□ C□	A□ B□ C□
2	整顿(SEITON)	A□ B□ C□	A□ B□ C□	A□ B□ C□
3	清扫(SEISO)	A□ B□ C□	A□ B□ C□	A□ B□ C□
4	清洁(SEIKETSU)	A□ B□ C□	A□ B□ C□	A□ B□ C□
5	素养(SHITSUKE)	A□ B□ C□	A□ B□ C□	A□ B□ C□
6	安全(SAFETY)	A□ B□ C□	A□ B□ C□	A□ B□ C□
7	节约(SAVE)	A□ B□ C□	A□ B□ C□	A□ B□ C□
8	学习(STUDY)	A□ B□ C□	A□ B□ C□	A□ B□ C□

注：评价等级中的“A”对应“好”、“B”对应“一般”、“C”对应“差”。

学生：________ 组长：________ 教师：________

任务6　绘制轴的零件图

【任务描述】

根据图 6.6.1 所示的三维模型图，绘制完整的后轴零件图。

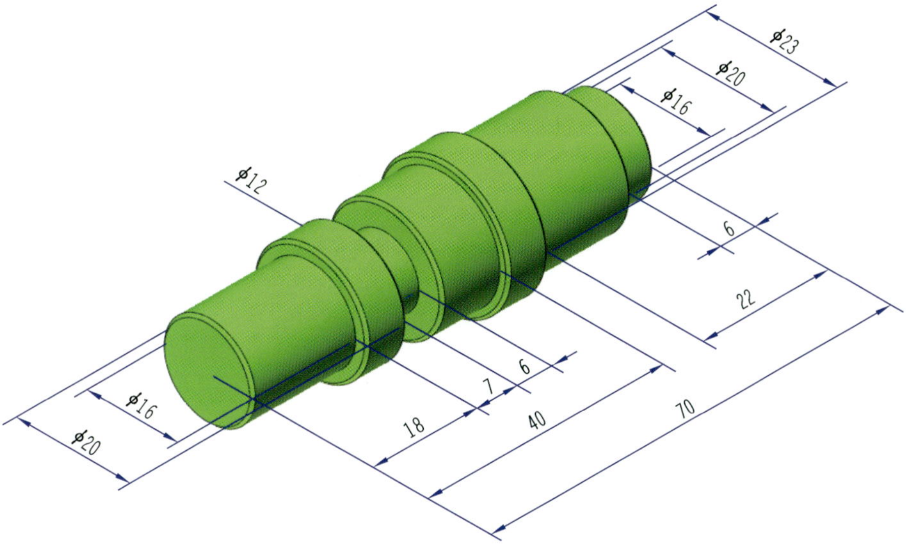

图 6.6.1　后轴的三维模型图

【知识目标】

(1) 零件图的概述(A601);

(2) 零件的视图选择(A602);

(3) 零件图的尺寸标注(A603)。

【技能目标】

(1) 能正确选择零件的视图;

(2) 能正确标注零件尺寸。

【任务准备】

游标卡尺、钢直尺、A4 绘图纸、图板、丁字尺、一副三角板、铅笔、橡皮、小刀、透明胶、圆规、分规等。

【任务实施】

(1) 学习【链接知识 A601 零件图的概述】。

(2) 完成【专项训练 A601 零件图的概述】，如表 6.6.1 所示。

表 6.6.1　专项训练 A601 零件图的概述

序号	训练内容	备注
1	请将正确答案的字母填写在括号中。 (1) 某零件的长宽高尺寸为 100 mm×40 mm×150 mm，需要用主视图、俯视图和左视图共 3 个视图表达，如采用 1∶2 的比例绘图，选择(　　)号图纸比较合适。 A. 2　　B. 3　　C. 4　　D. 1 (2) 零件图的标题栏一般填写零件的(　　)等信息。 A. 名称　　B. 材料　　C. 数量　　D. 绘图比例	
2	请将下图中的零件与其分类进行连线。 　　轴套类零件 　　轮盘类零件 　　叉架类零件 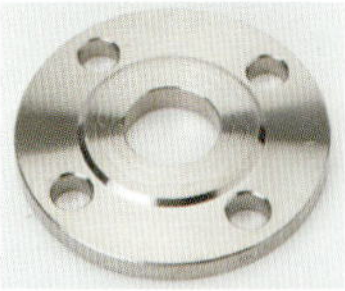　　箱体类零件	

序号	训 练 内 容	备注
3	请参考提示词，在横线上填写正确答案。 (1) 一张完整的零件图由四部分组成，分别为一组视图、__________、__________、__________。 (2) 一组视图是用于正确、完整、清晰和简便地表达零件内外形状及功能结构等图形信息，其中包括机件的各种表达方法，如视图、__________、__________、__________、简化画法等。 (3) 完整的尺寸用于确定零件各部分的________和________，为零件制造提供所需的尺寸信息。在标注过程中要做到正确、完整、清晰、合理。 (4) 技术要求是零件在制造、加工、检验时需要达到的________，必须用规定的代号、数字、字母和文字注解加以说明。如表面粗糙度、__________、__________、材料、热处理与检验方法，以及其他特殊要求等。 (5) 标题栏包括零件名称、________、________、__________、图样代号，以及设计、审核、批准者的必要签署等。 提示词：断面图、尺寸公差、几何公差、数量、技术指标、局部放大图、大小、位置、完整的尺寸、技术要求、标题栏、剖视图、材料、绘图比例	

(3) 学习【链接知识 A602 零件的视图选择】。

(4) 完成【专项训练 A602 零件的视图选择】，如表 6.6.2 所示。

表 6.6.2　专项训练 A602 零件的视图选择

序号	训 练 内 容	备注
1	请将正确答案的字母填写在括号中。 (1) 对于轴、套、轮、盘类等回转体零件，选择主视图时，一般遵循(　　)原则。 A. 加工位置　B. 工作位置　C. 安装位置　D. 任意位置 (2) 如需表达零件内部结构，常采用(　　)表达。 A. 主视图　B. 左视图　C. 剖视图　D. 俯视图	

(5) 学习【链接知识 A603 零件图的尺寸标注】。

(6) 完成【专项训练 A603 零件图的尺寸标注】，如表 6.6.3 所示。

(7) 在 A4 绘图纸上绘制后轴零件图。

表 6.6.3　专项训练 A603 零件图的尺寸标注

<table>
<tr><th>序号</th><th>训 练 内 容</th><th>备注</th></tr>
<tr><td>1</td><td>

(1) 常选择零件的(　　)作为尺寸基准。

A. 对称面　　B. 回转轴轴线

C. 主要加工面　　D. 重要支撑面或结合面

(2) 下图中,尺寸标注合理的是(　　)。

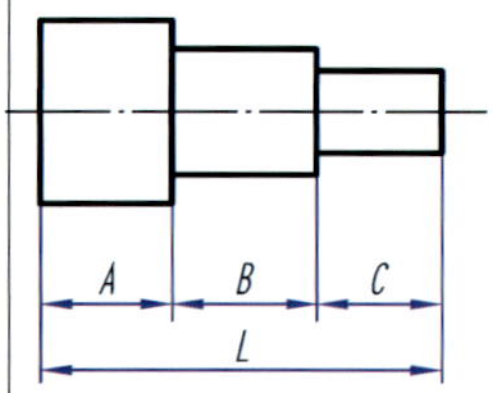

A

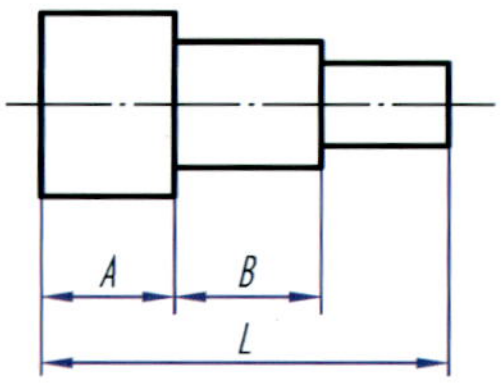

B

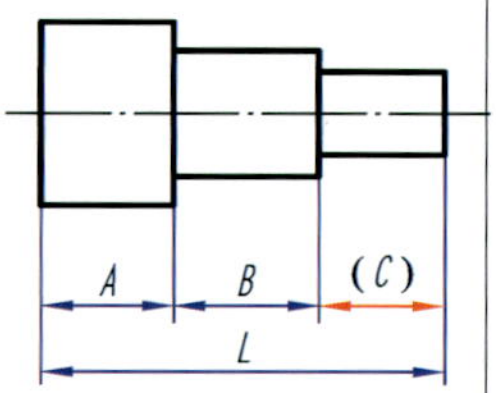

C

</td><td></td></tr>
<tr><td>2</td><td>

倒角标注练习。

(1) 45°倒角尺寸标注(倒角尺寸 $C1$)。

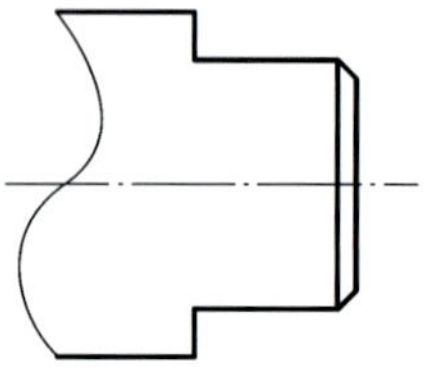

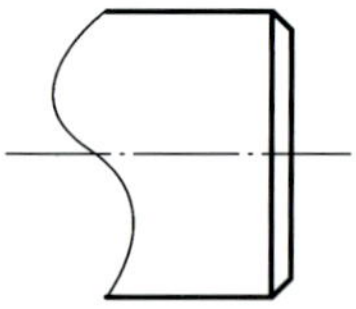

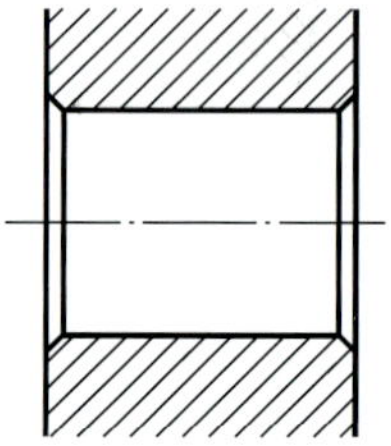

(2) 非 45°倒角尺寸标注(倒角尺寸 30°×$C1$)。

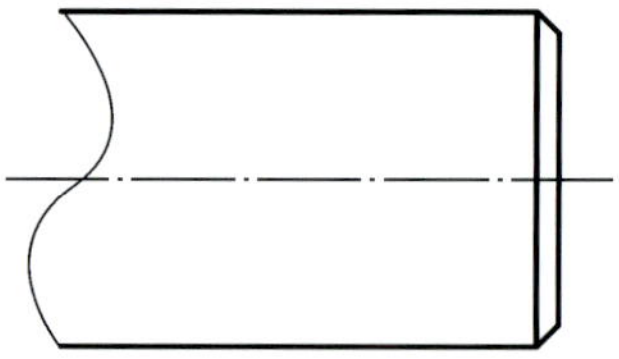

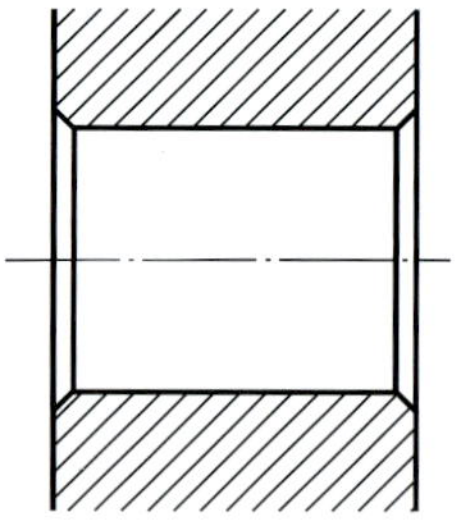

</td><td></td></tr>
</table>

序号	训练内容	备注
3	退刀槽及越程槽标注练习(尺寸自测,取整数)。 (1) 退刀槽尺寸标注。 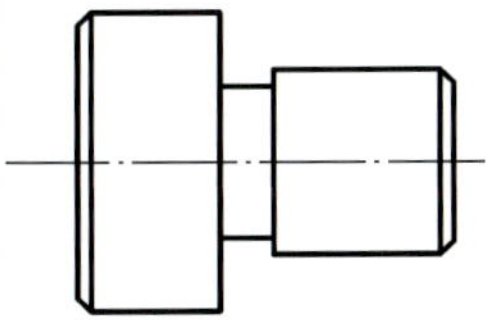 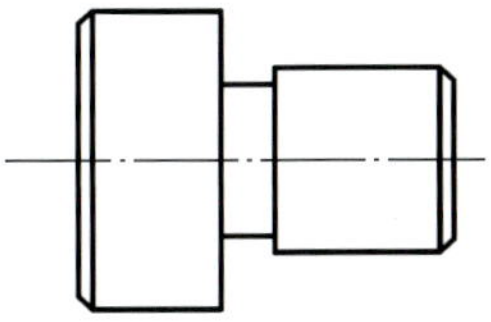 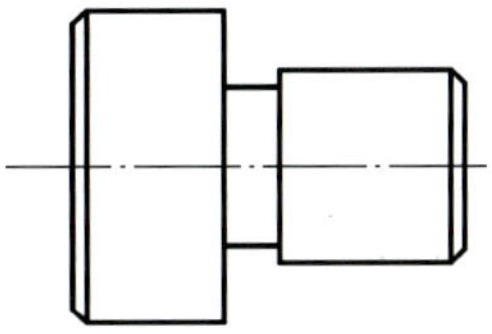 (2) 越程槽尺寸标注。 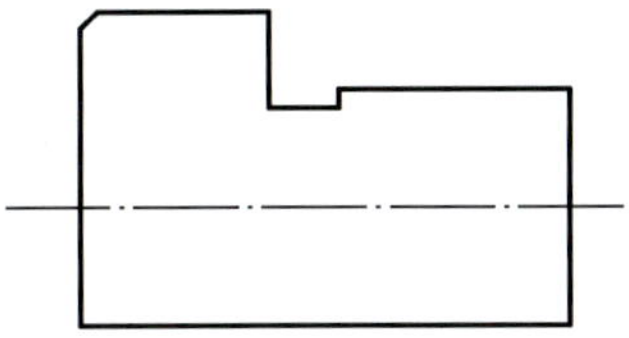 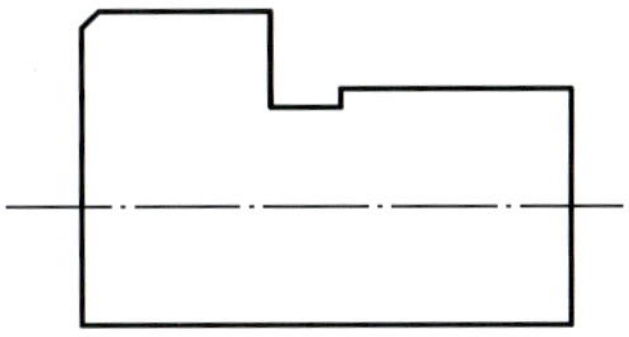	
4	键槽标注练习(尺寸自测,取整数)。 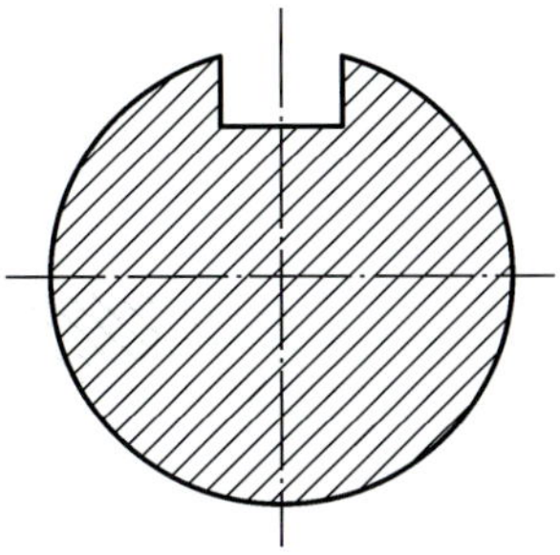 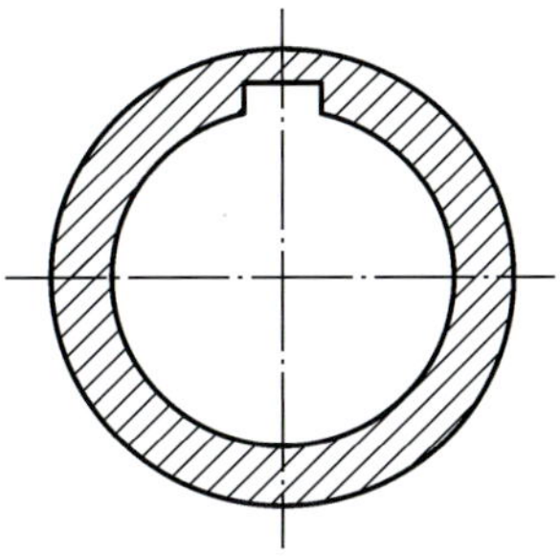	

拓展学习

1. 任务“后轴”三维动态模型二维码。

2. 扫描以下产品三维动态模型二维码,观察其特征,绘制其三视图。

【任务评价】

完成【绘制轴的零件图】后，请如实填写6.6.4和表6.6.5。

表6.6.4 【绘制轴的零件图】任务评价表

评价项目	评价标准	评价等级		
零件图的概述	充分理解	A □	B □	C □
零件的视图选择	熟练掌握	A □	B □	C □
零件图的尺寸标注	熟练掌握	A □	B □	C □
零件图的画法	熟练掌握	A □	B □	C □
后轴零件图	绘制正确	A □	B □	C □
工作表	按时、规范、正确完成	A □	B □	C □

表6.6.5 【绘制轴的零件图】8S评价表

序号	项目	自评	组长评价	教师评价
1	整理（SEIRI）	A□ B□ C□	A□ B□ C□	A□ B□ C□
2	整顿（SEITON）	A□ B□ C□	A□ B□ C□	A□ B□ C□
3	清扫（SEISO）	A□ B□ C□	A□ B□ C□	A□ B□ C□
4	清洁（SEIKETSU）	A□ B□ C□	A□ B□ C□	A□ B□ C□
5	素养（SHITSUKE）	A□ B□ C□	A□ B□ C□	A□ B□ C□
6	安全（SAFETY）	A□ B□ C□	A□ B□ C□	A□ B□ C□
7	节约（SAVE）	A□ B□ C□	A□ B□ C□	A□ B□ C□
8	学习（STUDY）	A□ B□ C□	A□ B□ C□	A□ B□ C□

注：评价等级中的“A”对应“好”、“B”对应“一般”、“C”对应“差”。

学生：____________ 组长：____________ 教师：____________

任务7　加工轴

【任务描述】

根据图 6.7.1 抄画图纸，并完成轴的加工。

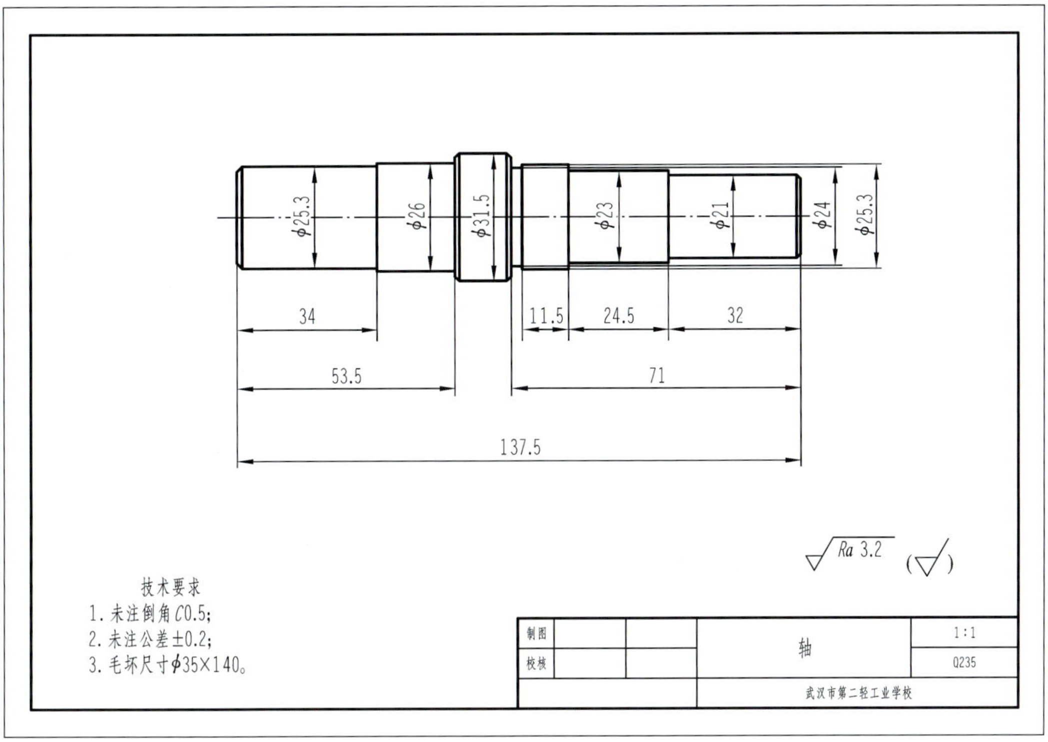

图 6.7.1　轴

【知识目标】

(1) 普通车工实训车间准则(H1)；

(2) 普通车床的结构(H201)；

(3) 普通车刀的选择及使用方法(H302)；

(4) 普通车床的基本操作(H202)；

(5) 外径和端面的车削方法(H403);

(6) 切槽、切断的车削方法(H404)。

【技能目标】

(1) 操作普通车床;

(2) 车削台阶轴;

(3) 选择刀具。

【任务准备】

普通车床、钢直尺、外圆车刀、切槽刀、游标卡尺。

【任务实施】

(1) 完成【链接知识 H1 普通车工实训车间准则】。

(2) 完成【专项训练 H1 普通车工实训车间准则】,如表 6.7.1 所示。

表 6.7.1 专项训练 H1 普通车工实训车间准则

序号	训练内容	备注
1	判断下列行为是否符合车间安全规章制度 (1) 用手摸旋转的主轴。 ( ) (2) 使用机床后进行清洁。 ( ) (3) 随意摆放工具、量具。 ( ) (4) 操作机床时不佩戴护目镜。 ( ) (5) 发现机床出现问题时及时报告给老师。 ( ) (6) 在车间吃零食。 ( ) (7) 穿拖鞋进入车间。 ( ) (8) 离开车间前关闭机床电源。 ( ) (9) 两个人同时操作机床。 ( ) (10) 随意将工具带出车间。 ( ) (11) 用完尺后将尺放回尺盒里。 ( ) (12) 在车间追逐打闹。 ( )	

(3) 进入车间前认真学习安全规章制度并注意规范着装。

(4) 学习【链接知识 H201 普通车床的结构】。

(5) 完成【专项训练 H201 普通车床的结构】,如表 6.7.2 所示。

表 6.7.2　专项训练 H201 普通车床的结构

序号	训 练 内 容	备注
1	将代号和解释含义连线。 C　　　　结构特性代号(加重型) A　　　　系代号(卧式车床系) 6　　　　组代号(落地式及卧式车床组) 1　　　　类代号(车床类) 40　　　　主参数代号(最大工件回转直径为 400 mm)	
2	解释下列车床型号的含义。 CK6150:________________________________	
3	填写下图车床上各部件的名称。 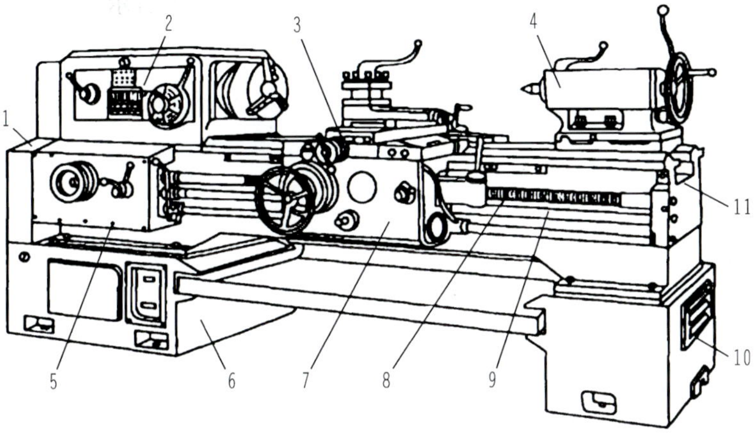 1. ____________　2. ____________　3. ____________ 4. ____________　5. ____________　6. ____________ 7. ____________　8. ____________　9. ____________ 10. ____________　11. ____________	

（6）认识普通车床，如图 6.7.2 所示。

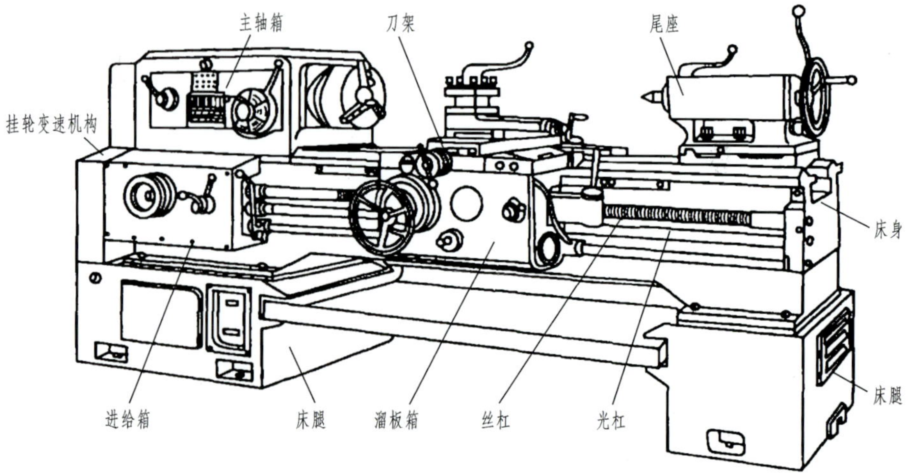

图 6.7.2　普通车床

（7）学习【链接知识 H302 普通车刀的选择及使用方法】。

（8）完成【专项训练 H302 普通车刀的选择及使用方法】，如表 6.7.3 所示。

表 6.7.3　专项训练 H302 普通车刀的选择及使用方法

序号	训练内容	备注
1	勾选出这次加工所需要用到的刀具并写出它的名称。  （　　）　（　　）　（　　）　（　　）	
2	写出下面车刀的三面、二刃、一尖名称。 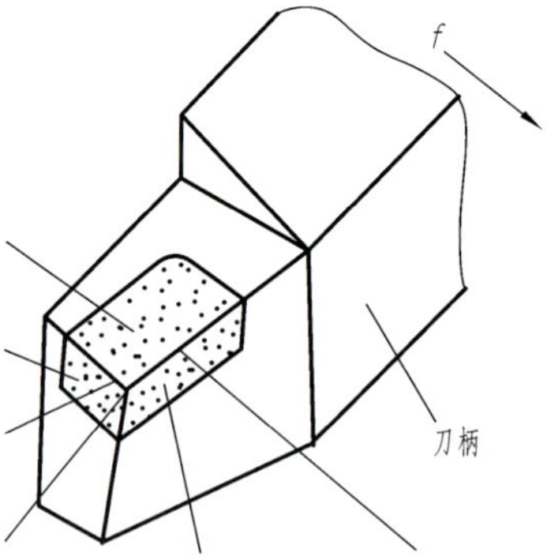 	

续表

<table>
<tr><th>序号</th><th>训 练 内 容</th><th>备注</th></tr>
<tr><td>3</td><td>填写出图中各角度的中文名称，及三个辅助平面的名称。
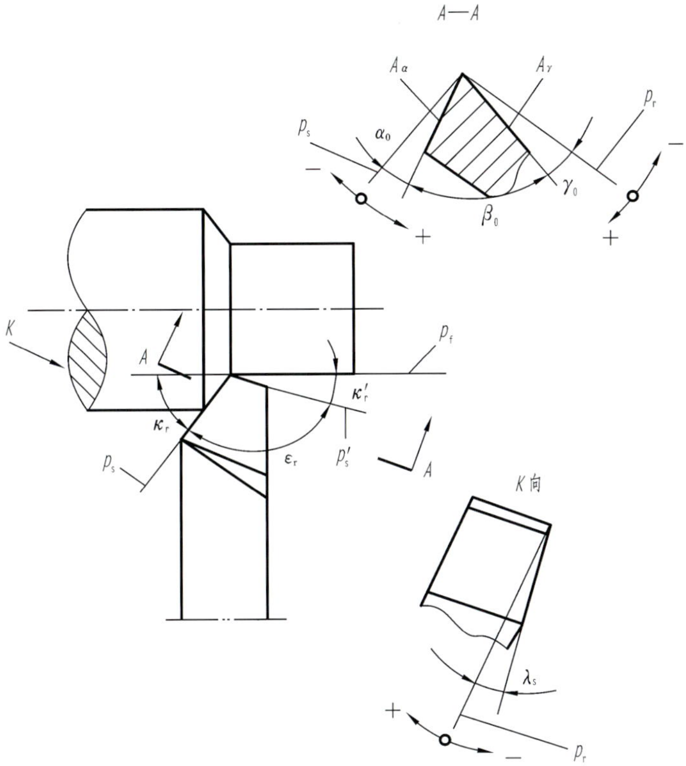

γ_0：________　　α_0：________
β_0：________　　κ_r：________
κ'_r：________　　λ_s：________
ε_r：________
辅助平面：________ ________ ________</td><td></td></tr>
</table>

（9）学习【链接知识 H202 普通车床的基本操作】。

（10）完成【专项训练 H202 普通车床的基本操作】，如表 6.7.4 所示。

表 6.7.4　专项训练 H202 普通车床的基本操作

序号	训 练 内 容	备注
1	将溜板箱移动到机床中间位置，读出大滑板的刻度值，为________mm。	
2	将刀架向主轴方向移动 50 mm，读出大滑板刻度值，为________mm。	
3	将刀架向尾座方向移动 100 mm，读出大滑板刻度值，为________mm。	
4	将刀架向前移动 30 mm，读出中滑板刻度值，为________mm。	
5	将刀架向后移动 20 mm，读出中滑板刻度值，为________mm。	

(11) 学习【链接知识 H403 外径和端面的车削方法】。

(12) 完成【专项训练 H403 外径和端面的车削方法】,如表 6.7.5 所示。

表 6:7.5　专项训练 H403 外径和端面的车削方法

序号	训练内容	备注
1	使用三爪卡盘装夹毛坯,伸出长度为 73 mm(平端面,端面见光)。 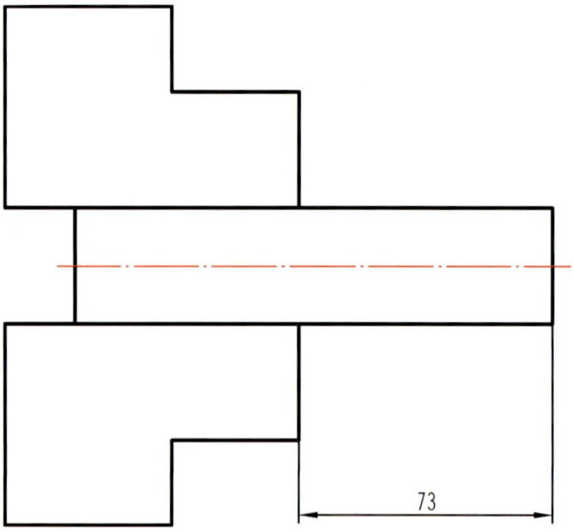 	
2	粗精车 ϕ31.5 mm,长度为 69 mm 的轴。 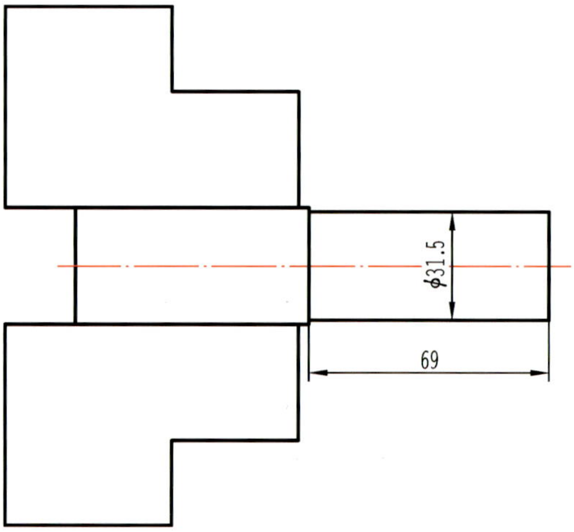 	

续表

序号	训练内容	备注
3	粗精车 ϕ26 mm，长度为 53.5 mm；ϕ25.3 mm，长度为 34 mm 的台阶轴。最后进行倒角。 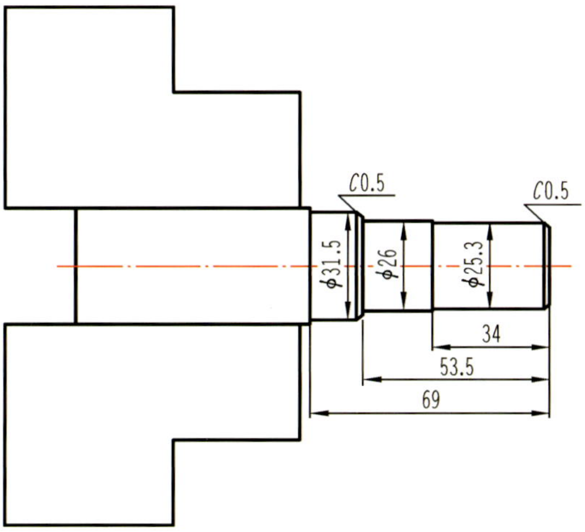 	
4	调头装夹 ϕ26 mm 位置处，平端面控制总长为 137.5 mm。 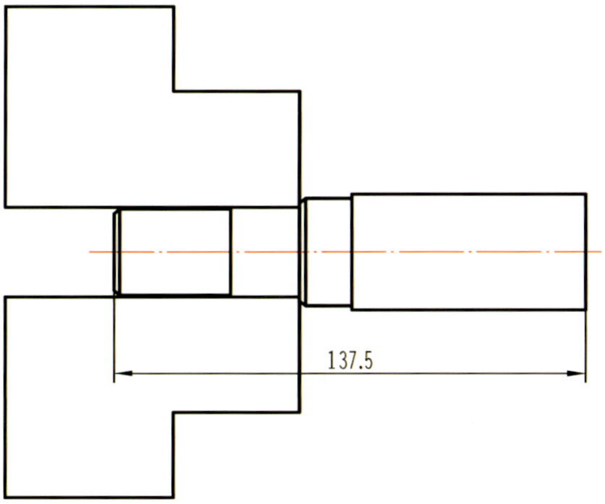 	

续表

序号	训 练 内 容	备注
5	粗精车 ϕ25.3 mm、ϕ23 mm、ϕ21 mm 台阶轴。最后进行倒角。 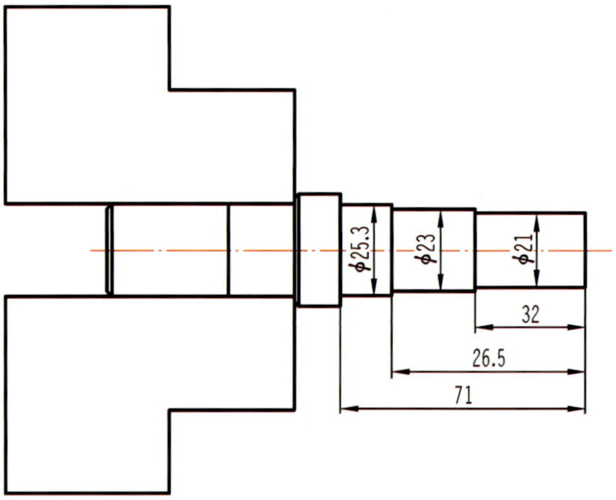	

(13) 学习【链接知识 H404 切槽、切断的车削方法】。

(14) 完成【专项训练 H404 切槽、切断的车削方法】，如表 6.7.6 所示。

表 6.7.6　专项训练 H404 切槽、切断的车削方法

序号	训 练 内 容	备注
1	切 ϕ24 mm、宽为 3 mm 的槽。 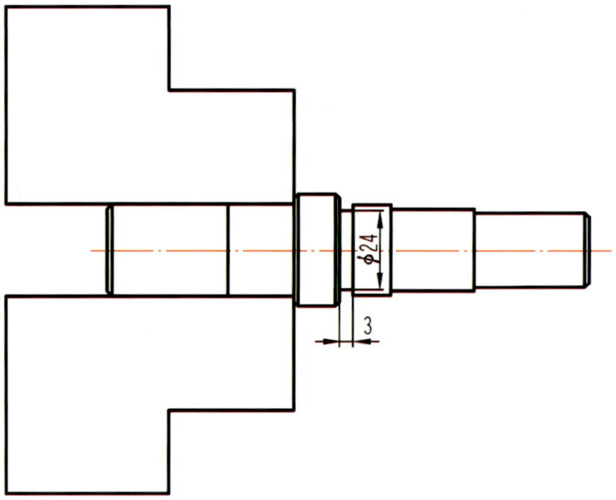	

(15) 完成轴的加工，如图 6.7.3 所示。

图 6.7.3　轴

(16) 测量加工完成的轴的同轴度实际值，并将相关信息及测量结果填入表 6.7.7。

表 6.7.7　同轴度误差检测报告单

仪器读数	测量记录和数据处理			
	截面 $A—A$	截面 $B—B$	截面 $C—C$	截面 $D—D$
	M_{max}	M_{max}	M_{max}	M_{max}
	M_{min}	M_{min}	M_{min}	M_{min}
$\Delta=(M_{max}-M_{min})/2$				
同轴度误差 $\Delta=\Delta_{max}=$　　　mm			判断合格性：□ 合格　□ 不合格	

(17) 测量加工完成的输出轴的表面粗糙度的实际值，填写表 6.7.8。

表 6.7.8　表面粗糙度测量表

图样要求		实测值			平均值	结论
		1	2	3		
输出轴	$\sqrt{Ra\ 1.6}$ (____处)					
	$\sqrt{Ra\ 3.2}$ (____处)					
超差数					判断合格性：□ 合格　□ 不合格	

拓展学习

扫描以下产品三维动态模型二维码，观察其特征，绘制其三视图。

【任务评价】

完成【加工轴】后，请如实填写表 6.7.9 和表 6.7.10。

表 6.7.9 【加工轴】任务评价表

评价项目	评价标准	评价等级		
着装	规范	A □	B □	C □
机床操作	规范	A □	B □	C □
工具	使用规范、摆放整齐	A □	B □	C □
量具	使用规范、摆放整齐	A □	B □	C □
加工方法	正确规范	A □	B □	C □

表 6.7.10 【加工轴】8S 评价表

序号	项目	自评	组长评价	教师评价
1	整理(SEIRI)	A□ B□ C□	A□ B□ C□	A□ B□ C□
2	整顿(SEITON)	A□ B□ C□	A□ B□ C□	A□ B□ C□
3	清扫(SEISO)	A□ B□ C□	A□ B□ C□	A□ B□ C□
4	清洁(SEIKETSU)	A□ B□ C□	A□ B□ C□	A□ B□ C□
5	素养(SHITSUKE)	A□ B□ C□	A□ B□ C□	A□ B□ C□
6	安全(SAFETY)	A□ B□ C□	A□ B□ C□	A□ B□ C□
7	节约(SAVE)	A□ B□ C□	A□ B□ C□	A□ B□ C□
8	学习(STUDY)	A□ B□ C□	A□ B□ C□	A□ B□ C□

注：评价等级中的“A”对应“好”、“B”对应“一般”、“C”对应“差”。

学生：____________ 组长：____________ 教师：____________

附　　录

附表1 《机械制图》知识点代码表

A1 制图的基本知识和技能	A304.2 切割型组合体视图
A101 制图的基本规定	A304.3 综合型组合体视图
A101.1 图纸幅面及格式	A305 组合体的尺寸标注
A101.2 比例	A4 图样的基本表示法
A101.3 字体	A401 视图
A101.4 图线	A402 剖视图
A101.5 常用绘图工具的使用	A402.1 剖视图的形成
A102 尺寸标注	A402.2 剖切面的画法
A102.1 基本规则	A402.3 剖视图的标注及配置
A102.2 标注尺寸的要素	A402.4 全剖视图的概念及选用
A102.3 常见的尺寸注法	A403 断面图
A102.4 简化注法	A5 常用零件的特殊表达方法
A103 几何作图	A501 螺纹
A103.1 等分圆周和作正多边形	A501.1 螺纹的形成
A103.2 斜度和锥度	A501.2 螺纹的基本要素
A103.4 椭圆	A501.3 普通螺纹的标准
A103.5 圆弧连接	A502 螺纹紧固件及其连接画法
A103.6 平面图形分析及作图方法	A502.1 垫圈的选用方法
A2 投影的基本知识	A502.2 垫圈的画法
A201 投影法的概念	A502.3 螺栓连接画法
A202 三视图的形成与投影规律	A502.4 双头螺柱连接画法
A203 点、直线、平面的投影	A503 键联结和销联结
A204 基本几何体	A503.1 键联结
A205 轴测图的基本知识	A503.2 销联结
A206 正等侧、斜二测轴测图及其画法	A504 齿轮
A3 组合体	A504.1 齿轮轴的测绘
A301 组合体的概念和分析方法	A505 弹簧
A303 组合体的组合形式	A505.1 螺纹的规定画法
A303 组合体的表面交线	A505.4 螺纹的标注方法
A304 组合体视图的画法	A6 零件图
A304.1 叠加型组合体视图	A601 零件图概述

续表

A602 零件图的视图选择	A703 装配图的视图选择
A603 零件图的尺寸标注	A704 装配图的尺寸标注
A604 零件图上的技术要求	A705 装配图的零件序号和明细栏
A605 零件图的工艺结构	A706 装配图的绘制
A606 看零件图	A707 常见装配结构
A607 简单零件图的绘制	A708 部件测绘
A7 装配图	A709 装配图的读图方法和步骤
A701 装配图的内容	A710 由装配图拆画零件图
A702 装配图的视图表达方法	

附表 2 《机械基础常识》知识点代码表

B1 机械概述	B503 齿轮系的应用
B101 机器的组成及其基本要求	B504 减速器及应用
B102 机械零件的强度	B6 平面连杆机构
B103 摩擦、磨损和润滑	B601 平面四杆机构组成及类型
B2 联接	B602 平面四杆机构的基本特性
B201 键联接	B603 构件和运动副的结构
B202 销联接	B7 凸轮机构
B203 螺纹联接及螺纹传动	B701 凸轮机构的应用
B203.1 螺纹连接的预紧和防松	B702 凸轮机构的基本特性
B204 联轴器和离合器	B8 支承零部件
B3 带传动	B801 轴
B301 带传动的类型、特点和应用	B801.1 轴的用途和分类
B302V 带和 V 带轮	B801.2 轴的结构
B303 同步齿形带	B802 轴承
B4 齿轮传动	B802.1 滚动轴承的结构和类型
B401 齿轮传动的特点和分类	B802.2 滚动轴承的代号
B402 渐开线直齿圆柱齿轮	B802.3 滚动轴承润滑、密封
B402.1 齿轮的结构形式	B802.4 滚动轴承的画法
B403 斜齿圆柱齿轮	B9 通用机床机械结构
B404 蜗轮蜗杆	B901 普通车床
B405 齿轮传动的维护	B902 普通铣床
B5 齿轮系	B903 普通刨床
B501 定轴齿轮系的传动比	B904 普通钻床
B502 行星齿轮系的传动比	B905 普通磨床

附表3 《零件测量与质量控制技术》知识点代码表

C1 极限与配合	C4 常用测量工量器具
C101 零件互换性术语及其定义	C401 游标卡尺、内外径千分尺、百分表、量块、角度量具、极限量具的应用
C102 标准公差和基本偏差	C401.1 钢直尺
C103 公差代号与极限偏差的确定	C401.2 游标卡尺
C104 配合与配合种类	C401.3 高度游标卡尺
C105 基孔制与基轴制	C401.4 深度游标卡尺
C106 一般公差—线性尺寸的未注公差	C401.5 外径千分尺
C2 几何公差	C401.6 内径千分尺
C201 几何要素的分类、定义	C401.7 百分表、千分表
C202 几何公差基本要求和标注方法	C401.8 游标万能角度尺
C202.1 几何公差被测要素的标注	C401.9 直角尺
C202.2 几何公差基准要素的标注	C401.10 半径样板
C202.3 形状公差	C401.11 量块
C202.4 方向公差	C401.12 塞尺
C202.5 位置公差	C401.13 塞规和环规
C202.6 跳动公差	C5 精密测量仪器
C203 几何公差的公差原则	C501 三坐标测量仪、激光干涉仪光学合像水平仪
C3 表面结构及其评定参数和图样标注	
C301 表面结构及其评定参数	
C302 表面结构的图样标注	

附表4 《机械工程材料》知识点代码表

D1 金属的基本知识	D202.1 金属材料退火
D101 金属材料的主要性能	D202.2 金属材料淬火
D101.1 金属材料分类	D203 钢的表面热处理
D101.2 金属材料硬度	D3 金属材料
D102 金属与合金的结构和结晶	D301 碳钢
D103 铁碳合金相图	D302 合金钢
D2 钢的热处理	D303 铸铁
D201 钢的热处理基本原理	D304 有色金属
D202 钢的普通热处理	

附表5 《机械加工工艺基础》知识点代码表

E1 金属切削加工基础知识	E303 零件的工艺分析及工艺审查
E101 金属切削加工基本概念	E304 毛坯的选择
E102 切削运动与切削用量	E305 定位基准的选择
E103 刀具切削部分的几何角度	E306 工艺路线的拟定
E104 常用的刀具材料	E307 工序尺寸及公差带的分布
E105 切削力、切削热与切削温度	E308 工艺尺寸链的计算
E106 刀具磨损	E309 设备与工艺装备的选择
E107 刀具几何参数的合理选择	E310 典型零件的加工工艺分析
E108 切削用量的合理选择	E4 工件的定位与夹紧
E2 典型加工方法	E401 工件的定位原则
E201 内外圆表面加工方法	E402 常用的定位方法及定位元件
E202 孔加工方法	E403 工件的夹紧
E203 平面加工方法	E404 典型夹紧机构
E204 成形表面加工方法	E5 机械加工质量分析
E3 机械加工工艺规程	E501 工艺系统对加工精度的影响
E301 基本概念	E502 提高加工精度、表面质量和生产效率的措施
E302 工艺规程制定的原则和步骤	

附表6 《手工制作》知识点代码表

F1 入门知识	F101.6 孔加工工具
F5 孔的加工和螺纹加工	F506 丝锥和板牙的使用方法和注意事项
F101 钳工常用设备和常用工量具	F102 了解实训相关的规章制度和文明生产要求
F501 钻孔设备和钻孔工具	F506.1 螺纹底孔直径的确定
F101.1 台虎钳	F2 平面划线
F502 钻花的刃磨安装	F506.2 攻螺纹的方法
F101.2 钳台	F201 划线工具
F503 钻孔的方法和注意事项	F6 锉配
F101.3 砂轮机	F201.1 划针
F504 铰孔的方法和注意事项	F601 锉削配合的概念
F101.4 钻床	F201.2 划规
F505 丝锥和板牙的作用和规格	F602 锉配工艺
F101.5 钳工各类工具	F201.3 单脚规
F505.1 攻螺纹的工具	F603 各种工具的应用

续表

F201.4 划线平板	F3 锯削
F604 锉配的方法和注意事项	F301 锯削工具
F201.5 样冲	F302 锯削方法和注意事项
F201.6 支承工具	F302.1 基本锯削方法
F202 划线方法	F303 常见材料的锯削方法
F202.1 钢直尺划线	F4 锉削
F202.2 直角尺划线	F401 锉削工具
F202.3 划规划线	F401.1 锉刀
F202.4 打样冲眼	F402 锉削方法和注意事项
F203 划线注意事项	F402.1 基本锉削方法
F204 划线的线形保持	F402.2 曲面锉削方法

附表7 《机械拆装(部件)》知识点代码表

G1 机械拆装的基本知识	G2 常用零部件的拆装
G101 机械拆卸前的准备工作	G201 螺纹紧固件的拆装
G102 机械拆卸的顺序及注意事项	G202 键、销连接件的拆装
G103 机械拆卸的常用方法	G203 轴承的拆装
G104 装配工艺规程概述	G204 联轴器的拆装
G105 装配前的准备工作	G3 典型部件拆装
G106 常用机械拆装及检测工具	G301 能正确拆卸、清洗、装配典型部件
G107 机械连接方式	G302 掌握典型部件中相对运动机构间的运动间隙的调整方法和间隙量的确认
G108 常用拆装工具	
G109 拆装后的质量检验	G4 减速器拆装
G110 机械拆装实习室安全制度	G401 认识减速器
G111 机械拆装实习守则	G402 组装减速器
G112 机械拆装操作安全须知	

附表8 《普通车削加工技术》知识点代码表

H1 普通车工实训车间准则	H2 认识普通车床及普通车加工基本知识
H8 车削内外圆锥面	H803 宽刃刀车削法车削圆锥面
H101 普通车床安全操作规程	H201 普通车床的结构
H801 转动小滑板法车削圆锥面	H804 内外圆锥面的检测及质量分析方法
H101 普通车床行业规范、标准	H202 普通车床的基本操作
H802 偏移尾座法车削圆锥面	H9 内外圆锥面课题练习

续表

H203 普通车床的日常维护和保养	H405 切削过程、切削力、切削热和切削温度的含义
H901 按图纸要求完成零件的加工和检测	
H204 普通车加工原理、基本术语、定义、加工范围和类型	H1204 螺纹的加工技巧和切削参数
	H406 刀具的磨损和磨损限度的含义
H10 车削成型面及表面修饰	H1205 螺纹的检测、质量分析方法
H3 普通车加工相关知识	H407 刀具的刃磨方法
H1001 滚花刀的使用	H13 内外螺纹课题练习
H301 普通车床通用夹具的使用方法及特点	H408 轴类零件的加工及检测
H1002 双手控制法车削成型面	H1301 按图纸要求完成零件的加工和检测
H302 普通车刀的选择及使用方法	H5 阶梯轴课题练习
H1003 双手控制法修光成型面	H14 中级工课题训练一
H303 量具的选择及使用方法	H501 按图纸要求完成零件的加工和检测
H1004 成型面的检测	H1401 按图纸要求完成零件的加工和检测
H304 其他辅具的使用方法	H6 车削套类零件
H11 成型面课题练习	H15 中级工课题训练二
H4 车削阶梯轴零件	H601 尾座的使用
H1101 按图纸要求完成零件的加工和检测	H1501 按图纸要求完成零件的加工和检测
H401 金属切削基本原理	H602 钻孔和铰孔
H12 内外螺纹加工	H16 中级工课题训练三
H402 手动进给和机动进给的操作方法	H603 内孔的车削方法
H1201 螺纹的相关知识	H1601 按图纸要求完成零件的加工和检测
H403 外径和端面的车削方法	H604 钻花、内孔车刀的刃磨方法
H1202 螺纹的计算方法	H605 套类零件的加工及检测
H404 切槽、切断的车削方法	H7 套类零件课题练习
H1203 螺纹刀的选着和刃磨方法	H701 按图纸要求完成零件的加工和检测

附表 9 《数控车床编程与加工技术》知识点代码表

I1 数控车床的认识与基本操作	I1103 封闭车削复合循环指令 G73
I11 复合循环的程序编制	I104 数控车床的手动操作
I101 数控车床的认识	I12 刀尖圆弧半径补偿的程序编制
I1101 内外径粗车复合循环指令 G71	I105 数控车床的对刀
I102 数控车床控制面板的认识	I1201 建立刀尖圆弧半斤补偿指令 G41、G42
I1102 端面粗车复合循环指令 G72	I2 简单零件的工艺分析
I103 数控车床坐标系的建立	I1202 取消刀尖圆弧半径补偿指令 G40

续表

I201 工艺路线的确定	I504 直接机床坐标系编程 G53
I13 螺纹车削的程序编制	I1601 数控车床日常维护的基本知识
I202 工件的装夹	I505 直径和半径方式编程 G36、G37
I1301 螺纹相关知识及计算	I1602 工量具的保养
I203 数控车刀的选着	I6 直线插补的程序编制
I1302 螺纹车削指令 G32	I1603 刀具、夹具的保养
I204 切削用量的选着	I601 快速定位指令 G00
I1303 螺纹车削简单循环指令 G82	I1604、数控车床安全操作规程
I205 工艺卡片的填写	I602 直线插补 G01 指令
I1304 螺纹车削复合循环指令 G76	I17 综合加工任务一
I3 数控车削程序编制基础知识	I603 直线倒角 G01 指令
I14 程序的输入、编辑与校验	I1701 运用工艺知识制定加工工艺
I301 数控程序结构	I7 简单轴类零件的编程练习
I1401 数控系统操作面板的认识	I1702 运用编程指令进行程序编制
I302 辅助功能 M 代码	I701 按图纸要求完成零件程序的编制
I1402 程序的输入	I1703 零件的检测与质量分析
I303 主轴功能 S、进给功能 F 和刀具功能 T 代码	I8 圆弧插补的程序编制
I1403 零件程序的编辑	I18 综合加工任务二
I4 不同单位设定的程序编制	I801 圆弧插补指令 G02、G03
I1404 零件程序的校验	I1801 运用工艺知识制定加工工艺
I401 尺寸单位选择 G20、G21	I802 圆弧倒角指令 G02、G03
I15 零件的加工与检测	I1802 运用编程指令进行程序编制
I402 进给速度单位的设定 G94、G95	I9 简单弧面零件的编程练习
I1501 刀具的安装与对刀	I1803 零件的检测与质量分析
I5 有关坐标系和坐标的程序编制	I901 按图纸要求完成零件程序的编制
I1502 毛坯的装夹	I19 综合加工任务三
I501 绝对编程与增量编程 G90、G91	I10 简单循环的程序编制
I1503 数控车床自动加工	I1901 运用工艺知识制定加工工艺
I502 坐标系设定 G92	I1001 内外径简单循环指令 G80
I1504 零件的检测与质量分析	I1902 运用编程指令进行程序编制
I503 坐标系选择 G54-G59	I1002 端面简单循环指令 G81
I16 数控车床、工量具、刀具、夹具维护保养	I1903 零件的检测与质量分析

附表 10 《数控铣床编程与加工技术》知识点代码表

J1 数控铣床简介及安全文明生产	J301 数控铣削基本编程知识
J7 孔和孔系编程与加工	J302 数控仿真软件的使用
J101 数控铣床工艺范围、主要组成、主轴单元结构、伺服进给系统传动结构和主要部件	J4 平面零件编程与加工
	J401 平面零件的加工工艺路线、切削用量的确定
J701 孔加工循环指令的应用	J402 工艺文件的编制
J102 数控铣床/加工中心的行业规范、标准	J403 工件坐标系的选择、基点坐标的计算
J702 孔加工刀具的选择、切削用量	J404 铣削刀具的选择
J103 数控铣床安全操作规程	J405 平面零件的手工编程、对刀、工件坐标系的设置及工件的装夹、加工 J5 外形轮廓的编程与加工
J703 孔系的加工方法	
J2 数控铣削加工入门及面板操作	J501 零件外轮廓的加工工艺路线、切削用量的确定
J704 零件的程序编制、对刀、工件坐标系的设置及工件的装夹、加工、检测	
	J502 工艺文件的编制
J201 数控铣床控制面板的使用	J503 工件坐标系的选择、基点坐标的计算
J8 配合零件的编程与加工	J504 铣削刀具的选择
J202 对刀和坐标系的设置	J505 零件的程序编制、刀补设置
J801 零件加工工艺路线、装夹方案、切削用量的确定	J506 零件的对刀、工件坐标系的设置及工件的装夹、加工、检测
J203 刀补设置	J6 沟槽和内轮廓编程与加工
J802 编制简单加工工艺文件的流程和方法	J601 零件加工工艺路线、切削用量的确定
J204 工件安装找正操作	J602 封闭沟槽和内腔的下刀和加工方法
J803 零件加工质量检测和控制方法	J603 开放沟槽和内腔的下刀和加工方法
J205 数控机床日常维护和简单故障处理	J604 铣削刀具的选择
J804 加工零件的去毛刺、防锈等加工后处理工艺的方法	J605 铣削方式和刀补方向的确定
	J606 零件的程序编制、对刀、工件坐标系的设置及工件的装夹、加工、检测
J3 数控铣削编程基础知识	

附表 11 《CADCAM 软件应用(中望)》知识点代码表

K1 中望 3D2022 基础	K103 自定义操作
K802 钻孔	K803 三维快速铣削
K101 基本界面	K104 管理器
K802.1 中心钻	K803.1 Volumill3X(动态开粗)
K102 对象操作	K105 查询功能
K802.2 啄钻	K803.2 平坦面加工

续表

K2 线框	K5 装配设计
K804 二维铣削	K501 装配管理
K201 曲线绘制	K502 组件装配
K804.1 轮廓	K503 装配工具
K202 曲线编辑	K504 装配动画
K804.2 螺旋	K6 工程图
K203 曲线操作	K601 工程图基础
K804.3 倒角	K602 视图布局
K3 草图	K603 剖视图
K805 实体仿真	K604 工程图实例
K301 草图绘制	K7 综合建模与装配练习图样
K806 添加坐标	K701 坚果夹
K302 草图控制	K702 桌面虎钳
K807 编辑后处理	K703 万向节
K303 草图操作	K704 磨
K808 程序的输出	K705 垂直斯特林发动机
K4 实体建模	K706 气动抽水机
K401 基础造型	K707 齿轮螺旋机构
K402 特征操作	K708 齿轮传动式偏心滑块机构
K403 基础编辑	K8 加工模块
K404 基准面	K801 中望加工模块的设置
K405 实体建模实例	

附表 12 《特种加工技术(电火花、线切割)》知识点代码表(高职)

L1 电加工机床认识	L302 电火花加工中的一些基本工艺规律
L101 电火花加工机床及加工介绍	L303 电火花加工的脉冲电源及电规准调节
L102 电火花线切割机床及加工介绍	L304 电火花加工的自动进给调节系统
L103 电火花产生的原理简介	L305 电火花加工机床
L2 电火花线切割加工	L306 影响电火花成形加工工艺指标的因素
L201 电火花线切割加工原理、特点及应用范围	L4 电火花加工文安全文明生产
L202 电火花线切割加工设备	L401 准备加工时的检查事项
L203 电火花线切割控制系统和编程技术	L402 加工中的检查事项
L204 影响电火花线切割工艺指标的因素	L403 电火花加工的安全技术规程
L3 电火花成形加工	L404 电火花机床的安全操作规程
L301 电火花加工的基本原理及其分类	L405 电火花机床的维护和保养

附表 13 《普通铣削加工技术》知识点代码表

M1 铣削加工基础知识	M302 铰刀用途，铰孔操作方法
M101 普通铣床的分类及日常维护常识	M303 安全文明生产的操作规程
M102 普通铣床的基本操作	M4 压板零件的铣削加工
M103 铣刀的种类和铣刀的结构	M401 压板各平面、台阶面、角度面、孔的铣削加工
M104 工件的装夹	
M105 常用量具的使用方法	M402 安全文明生产的操作规程
M106 安全文明生产的操作规程	M5 定位 V 型铁的铣削加工
M2 常规铣削方法和技巧	M501 V 型铁各平面的铣削加工
M201 铣削平面的方法	M502 V 型槽的铣削加工
M202 长方体工件铣削工艺及铣削工步步骤	M503 掌握机床安全操作规程
M203 铣削台阶面的方法和刀具的对刀方法	M6 T 型底座的铣削加工
M204 键槽加工的对刀方法和操作方法	M601 直角面的铣削加工
M205 安全文明生产的操作规程	M602 T 型台阶面的铣削加工
M3 铣床上孔的加工	M603 掌握机床安全操作规程
M301 钻花的角度，钻孔的操作方法	

附表 14 《电工基础》知识点代码表(高职)

N1 安全用电常识	N404 三相交流电路
N101 电气危害概述	N405 串联电路
N102 触电的保护与急救	N5 电容与电感
N103 电气火灾的防护与处理	N501 常见电容器
N104 电气安全规范常识	N502 电容器的种类
N2 电工工具与电工材料常识	N503 电容元件参数
N201 常用电工工具及其使用常识	N504 常见电感器
N202 常用电工材料基础常识	N505 电感器元件参数
N203 常用电工材料的选用技术	N6 电气控制图识读基础
N3 直流电路基础知识	N601 电气控制图样的相关规定与国家标准简介
N301 电流、电压、电动势的基本概念	N602 电气控制图样识读基础
N302 电阻的概念和电阻与温度的关系	N603 典型机床电气控制图识读技巧
N303. 欧姆定律的定义	N7 电工仪表与测量技术
N304 电能和电功率的概念	N701 常用电工仪表和电工元件的使用技术常识
N305 焦耳定律、电能和电功率的概念	N702 主要电量的测量技术常识
N4 正弦交流电路基本知识	N703 电工测量典型实例
N401 正弦交流电的三要素	N8 设备常见电气故障的处理
N402 纯电阻、纯电感、纯电容电路的规律	N801 设备常见电气故障的种类与特点
N403 有功功率、无功功率和视在功率的物理概率	N802 处理电气故障的一般方法步骤

附表 15 《数控机床维护常识》知识点代码表(高职)

O1 数控机床概述	O303 数控机床电气控制逻辑表示
O101 数控机床历史	O304 组成电气控制线路的基本规律
O102 数控机床的基本结构及工作原理	O305 液压、气动基本知识
O103 数控机床的分类	O4 数控机床安装调试及验收
O104 数控机床的特点及应用范围	O401 安装数控机床前期准备工作
O2 数控机床的机械结构	O402 安装数控设备
O201 数控机床机械结构的组成与要求	O403 调试数控机床
O202 数控机床主轴传动系统的结构	O404 验收数控机床
O203 数控机床进给传动系统的结构	O5 数控机床维护
O204 自动换刀装置	O501 数控机床日常维的基本知识
O205 数控电加工机床	O502 数控机床机械部的维护
O3 数控机床电气控制基础	O503 数控系统的维护
O301 数控机床常用控制电器及选择	O504 伺服系统的维护
O302 数控机床电气原理图的画法规则	

附表 16 《班组管理》知识点代码表(高职)

P1 班组生产管理	P204 规范自动化运行维护人员的作业行为
P101 班前计划(计划与目标管理)	P205 制定年度自动化设备检修计划
P102 班中控制	P206 安全量化管理工作
P103 班后总结	P207 如何做好生产安全管理考核
P2 如何做好生产安全管理	P3 班组设备与工具管理
P201 安全事故的原因分析	P301 班组设备的日常“三级保养”
P202 安全管理措施的落实	P302 班组日常工具管理
P203 做好安全日常管理工作	

参 考 文 献

[1] 钱可强. 机械制图[M]. 2 版. 北京:高等教育出版社,2017.

[2] 崔陵,娄海滨机械识图[M]. 2 版. 北京:高等教育出版社,2014.

[3] 人力资源社会保障部教材办公室. 极限配合与技术测量基础[M]. 5 版. 北京:中国劳动和社会保障出版社,2014.

[4] 人力资源社会保障部教材办公室. 机械基础[M]. 6 版. 北京:中国劳动和社会保障出版社,2018.

[5] 崔陵,娄海滨. 零件测量与质量控制技术[M]. 2 版. 北京:高等教育出版社,2014.

[6] 薛翰. 车工工艺与技能训练[M]. 北京:机械工业出版社,2021.